高等教育土木类专业系列教材

重庆市高校普通本科重点建设教材

智慧建造概论

（第2版）

主编：毛　超　刘贵文

副主编：汪　军　傅　晏　洪竞科

U0190381

重庆大学出版社

内容提要

　　智慧建造贯穿于建设项目规划、设计、生产、施工、运营全生命周期，新一代信息技术的迭代将实现建筑行业全要素、全过程、全参与方的智慧化协同升级和产业的整合。本书介绍了全球智慧建造发展的背景和机遇，系统性地对智慧建造相关概念和内涵提出了智慧建造的特征以及实现逻辑；介绍了前沿类信息技术的概念、技术特征和适用性，以及面向建筑工程场景，并给出了各种新一代信息技术的新内涵和新定义。本书从建筑全寿命周期视角，分章节从智慧设计、智慧生产、智慧施工、智慧运维等4个核心阶段，详细介绍了传统迈向智慧升级过程中，相关环节所需的核心支撑技术和智慧融合应用。

　　本书主要是面向高等院校智能建造类、土木建筑类、工程管理类等专业学生，可作为相关课程的本科教材或参考书，也可作为从事智能建造、建筑工业化、建筑信息化等领域相关专业人士的研究或实践参考资料。

图书在版编目（CIP）数据

智慧建造概论 / 毛超, 刘贵文主编. -- 2版. -- 重

庆：重庆大学出版社，2024.3

高等教育土木类专业系列教材

ISBN 978-7-5689-2529-7

Ⅰ.①智… Ⅱ.①毛…②刘… Ⅲ.①智能化建筑—

高等学校—教材 Ⅳ.①TU18

中国国家版本馆CIP数据核字（2023）第249265号

智慧建造概论
（第2版）

主编：毛　超　刘贵文

副主编：汪　军　傅　晏　洪竞科

策划编辑：陈　力　林青山

责任编辑：陈　力　　版式设计：林青山

责任校对：谢　芳　　责任印制：赵　晟

*

重庆大学出版社出版发行

出版人：陈晓阳

社址：重庆市沙坪坝区大学城西路21号

邮编：401331

电话：（023）88617190　88617185（中小学）

传真：（023）88617186　88617166

网址：http：// www.cqup.com.cn

邮箱：fxk@cqup.com.cn（营销中心）

全国新华书店经销

重庆升光电力印务有限公司印刷

*

开本：787mm×1092mm　1 / 16　印张：12　字数：293千

2021年7月第1版　2024年3月第2版　2024年3月第3次印刷

印数：5 001—8 000

ISBN 978-7-5689-2529-7　定价：49.00元

第 2 版前言

党的二十大报告中指出："高质量发展是全面建设社会主义现代化国家的首要任务。"建筑业作为我国国民经济的重要支柱产业，需要担当重要时代使命，抛却高速发展模式，追求行业整体高质量、高效率深化，助力中国实现从"工程大国"向"工程强国"迈进的历史性跨越。时代变革大潮裹挟着物联网、云计算、大数据、人工智能等新一代信息技术呼啸而来，正加速推进各行业实体经济与技术交叉和融合。2023 年 11 月，习近平总书记在中央经济工作会议上表示，要广泛应用数智技术、绿色技术，加快传统产业转型升级。在此背景下，建筑业亟须改变落后的生产方式，通过科技创新实现产业变革，完成从数字化、网络化、智能化到智慧化的转型，走出一条工程建造高品质发展新路。在中国特色与智能时代的特定背景下，本书立足于立德树人，力求培育具有家国情怀、世界眼光、工匠精神、创新意识的建筑行业专业人才，更好地服务于国家经济建设和社会发展。

"智慧建造"抑或是"智能建造"将助推建筑行业迈向发展新时代。2020 年 7 月，我国住房和城乡建设部等十三个部门联合印发《关于推动智能建造与建筑工业化协同发展的指导意见》（以下简称《意见》），强调建筑业向工业化、数字化、智能化方向升级，加快建造方式转变，推动建筑业高质量发展，打造"中国建造"品牌。《意见》指出，要以大力发展建筑工业化为载体，以数字化、智能化升级为动力，加大智能建造在工程建设各环节的应用，推动建筑业由智能建造向智慧建造转变，形成涵盖科研、设计、生产加工、施工装配、运营等全产业链融合一体的智能建造产业体系。《意见》中多次提到了智能建造，即使在本书作者的相关研究中也用过"智能建造"这一概念，而本书却采用"智慧建造"

命名。关于"智慧建造"与"智能建造"两个概念有何不同，哪个概念更适合本教材的内容，作者一直在推敲。其实，"智慧"应该是"智能"的下一个阶段，无论当前称为"智能建造"抑或是"智慧建造"均不会有太大差别，然而作为一本概论类的教材，我们更想给读者呈现一个广义的内涵。"智能建造"表征一种新型生产方式，即在信息化、工业化高度融合的基础上，利用新技术对建造过程赋能，推动工程建造活动的生产要素、生产力和生产关系升级，促进建筑数据充分流动，整合决策、设计、生产、施工、运维整个产业链，而"智慧建造"是"智能建造"进阶阶段，用数据驱动工程建设活动各种技术或管理的自我学习和自我迭代，让工程建设活动都变得"类人化"，更大范围、更深层次实现机器换人，让机器具备感知、辨析、判断、决策、反馈、优化的能力，彻底进入体力替代和脑力替代的时代，以提升工程建设活动的效率和品质。

本书中覆盖了建筑业的策划、设计、生产、施工、运维全过程的智慧化升级，不仅是"机器换人"的智能化，还涉及"机器换脑"的智慧化。本书主要围绕项目全生命周期，分别阐述了智慧建造的发展背景和意义、国内外发展进程、智慧建造相关概念及特征，前沿信息技术在智慧建造中的融合应用，以及智慧设计、智慧生产、智慧施工和智慧运维的内容。

本书由重庆大学毛超教授、刘贵文教授任主编，汪军博士（澳大利亚西悉尼大学）、傅晏副教授（重庆大学）、洪竞科教授（重庆大学）任副主编，感谢各位作者对本书提供的宝贵思想和资源。全书由毛超统稿审校。

本书的编写不仅集成了作者对智慧建造、建筑工业化长期的关注、研究和思考，还参考了国内外一些研究学者的思想观点，在此谨向各位作者表示感谢。同时，特别感谢广联达科技股份有限公司、远大住宅工业集团股份有限公司、中建海龙科技公司、林同棪（重庆）国际工程技术有限公司、北京地厚云图科技有限公司、广东博智林机器人有限公司、光辉城市（北京）数字孪生科技有限公司、上海点贸信息技术有限公司、重庆市住房和城乡建设委员会、金科地产集团股份有限公司、重庆市市政设计研究院等在本书收集资料过程中给予的大力帮助。

本书从国家发展需求出发，力图阐释智慧建造所蕴含的丰富内涵，为培养"中国建造"亟需的"新工科"人才贡献绵薄之力。本书可作为高等院校土木建筑类专业教材使用，也可供建设行业专业技术和管理人员参考。由于编者水平有限，书中难免存在疏漏之处，本书可作为恳请广大读者批评指正。

毛 超

2023 年 11 月

目　录

第 **1** 章
智慧建造概述

当前，以物联网、大数据、人工智能为典型代表的新一轮科技革命和产业变革的浪潮正在席卷全球，深刻地改变和影响着诸多领域，这为各行业的转型升级、产品开发、服务创新带来了巨大的发展机遇，建筑业也身在其中。在此大背景下，建筑业作为占全球 GDP 的 6%、拥有超过 1.8 亿从业人员的支柱产业，势必将迎来一次颠覆性的产业变革，而工程建造方式、管理方式及其商业模式也必将朝着信息化、数字化和智能化方向发展。

1.1　传统建筑业的困境

习近平总书记在 2019 年新年贺词中首次提到了"中国建造"，并且随着"一带一路"倡议的不断深入实施，中国建造已开始走向世界。改革开放 40 多年来，高速的城镇化进程以及各类大型基础设施的建设，使得我国建筑业实现了跨越式发展，取得了巨大成就，实力明显增强。在美国《工程新闻记录》（*Engineering News-Record*，ENR）杂志公布的 2019 年度全球最大 250 家国际承包商中，74 家中国企业上榜，中国交建、中国电建和中国建筑进入前十名；在国际权威品牌研究机构"Brand Finance"最新发布的 2020 年工程建筑品牌报告中，11 家中国企业进入 TOP 50，中国建筑位列榜首；而在《财富》杂志公布的 2020 年世界 500 强企业名单中，中国建筑名列第 18 位，排在世界工程建筑类企业第一位，更是成为全球唯一营业收入超千亿美元的基建公司。在建筑业规模上，我国建筑资产规模及建筑业增加值分别于 2015 年和 2016 年先后超过美国，位列全球第一，根据国家统计局 2020 年 GDP 初步核算数据，我国建筑业增加值的绝对额为 72 996 亿元，约占全国总 GDP 的 7.18%，实现了稳定增长，支柱产业地位愈发稳固，且在多个领域处于世界前列。

在超高建筑领域，世界高层建筑与都市人居学会（Council on Tall Building and Urban Habitat，CTBUH）发布的年度报告显示，在2020年竣工的全球十大摩天楼中有一半来自中国，在目前全球排名前十的最高建筑中，中国占比超过1/2；在桥梁工程领域，世界桥梁界中流传着"21世纪看中国"说法，不仅数量最多，而且跨海大桥、高铁桥、斜拉桥、悬索桥等诸多世界之最均在中国；在高速铁路领域，截至2020年年底，我国高速铁路运营里程达3.79万千米，超过全球高铁总里程的2/3，稳居世界第一，高铁已成为展示中国经济发展水平的一张亮丽名片。其中诞生了许多代表中国建造的超级工程，如代表"量度"的三峡水利工程、代表"高度"的上海中心大厦、代表"深度"的洋山港深水码头、代表"难度"的青藏铁路和"华龙一号"核电工程等，北京大兴国际机场和港珠澳跨海大桥更是被英国《卫报》选为新的世界七大奇迹。特别值得一提的是，在我国抗击新冠肺炎疫情的关键时刻，中建三局仅用10天便建成了火神山和雷神山医院，向世界展示了中国建造的速度。

上海中心大厦

虽然我国已成为建造大国，但与世界建造强国相比还存在一定的差距，并且随着全球经济发展方式的转变，粗放式增长、劳动力密集、质量安全问题频发、资源消耗量大等一系列传统建造方式存在的局限性正逐步暴露，阻碍工程建造领域的高质量发展，已成为全球建筑业面临的共同困境，转变传统的工程建造方式已成为大势所趋。建筑行业的主要矛盾和转型需求表现在下述方面。

▶ 1.1.1 粗放式增长与高质量发展的矛盾

粗放式增长在建筑业中是一个全球性问题，尤其在中国。科技的进步和我国的基本国情等都决定了需要推动建筑业进行转型升级，走新型建筑工业道路，不能再走大量建设、消耗和排放的传统的粗放式发展道路。然而，我国建筑业现状与高质量增长的发展理念匹配度较低以及数字化、信息化和绿色化程度较低，主要体现在以下方面。

首先，建筑业的劳动生产效率较低。麦肯锡研究的报告显示，在过去的20年里，全球建筑业的总体劳动生产效率年增长率不到1%，显著落后于世界总体经济2.8%的年增长率，更落后于制造业3.6%的年增长率。从图1.1可以看出，全球建筑业生产率增长一直在下降，而农业、制造业等在持续上升。例如，德国和日本虽然作为全球工业效率的典范，但近年来在建筑劳动生产率方面几乎没有增长。世界经济论坛的一份报告显示，美国在过去的50年中，建筑劳动生产率也提高甚微，其复合平均增长率（Compound Average Growth Rate，CAGR）仅为-0.4%。而在中国，虽然近年来我国建筑业按总产值计算的劳动生产率在稳步提升，但整体仍处于全球较低水平，并且在数字化进程中，与国民经济其他行业相比，建筑业仍然是劳动生产率增长速度较低的行业之一（图1.2），主要是因为我国建筑业目前采用的建造方法仍以人工作业为主，没有满足高质量增长中减少人工、提高效率的原则。

其次，建筑业的数字化程度和盈利能力较低。2015年麦肯锡的一项分析发现，从资产、使用和劳动力等方面来看，建筑业是全球经济中数字化程度较低的行业之一，而我国建筑业的数字化程度更排在国内所有行业的最后（图1.3）。同时，在过去10年中，全球建筑业的平均市盈率为5.8倍，而标准普尔500指数为12.4倍，其盈利能力仅为5%左右。而

全球生产率增长
平均每人实际增加值（2 010美元）（1991=100）

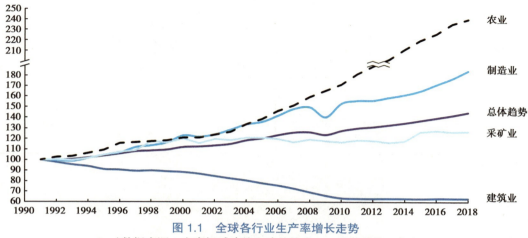

图 1.1　全球各行业生产率增长走势
（数据来源：麦肯锡《建筑和建筑技术——蓄势待发？》）

劳动生产率增长趋势，2011—2016年
复合年增长率，%

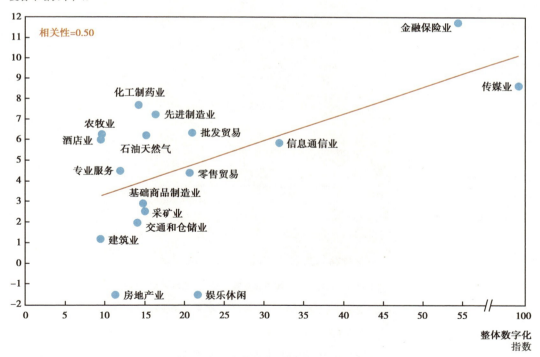

图 1.2　我国各行业劳动生产率与数字化程度的相关性
（数据来源：麦肯锡《数字中国：推动经济发展 提升全球竞争力》）

我国建筑业近 10 年的产值利润率一直在 3.5% 左右徘徊，低于国际 5% 的平均水平，更远低于我国工业常年 6% 左右的产值利润率，且近年来持续下跌，属于产值利润率最低的第二产业。

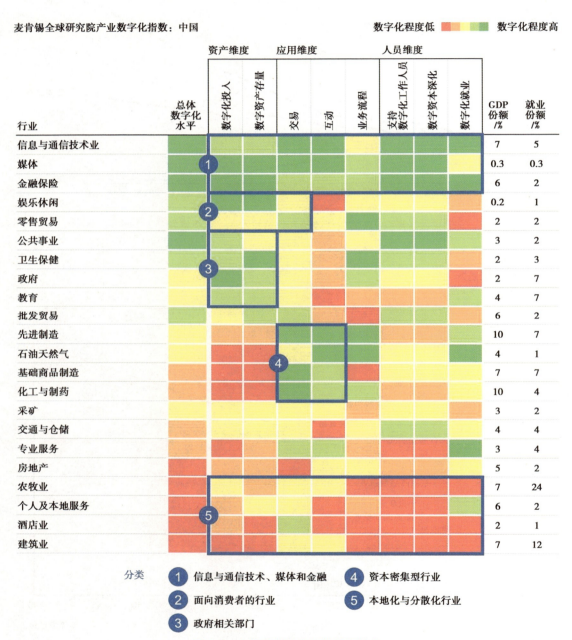

图 1.3　中国各行业数字化程度排名
（数据来源：麦肯锡《数字中国：推动经济发展提升全球竞争力》）

再次，我国建筑业的增长方式亟待转变。建筑业总产值是反映建筑业生产成果的综合指标，建筑业增加值则体现了所有建筑企业在建设过程中投入劳动所实现的价值。自 2010 年以来，虽然建筑业增加值占国内生产总值的比例始终保持在 6.6% 以上，但对比建筑业总产值增速和建筑业增加值增速（图 1.4）可以发现，在 2010—2019 年的 10 年间，我国建筑业总产值增速除 2015 年外均大于建筑业增加值增速，这表明真正在建筑生产建造过程的投入所带来的价值增长较为缓慢。从长期来看，固定资产投资增速将进入下滑期，建筑业不能一如既往地依赖国家投资来带动企业的粗放式增长。因此，我国建筑业的增长方式必须有所改变。

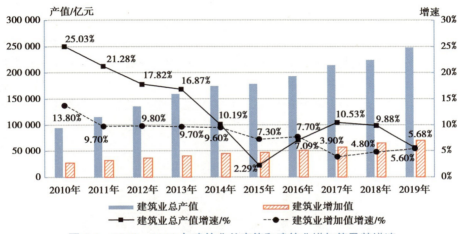

图 1.4　2010—2019 年建筑业总产值和建筑业增加值及其增速
（数据来源：国家统计局）

最后，我国建筑业产品和服务水平依旧不乐观。根据世界经济论坛 2018 年发布的《2018—2018 年度全球竞争力指数报告》，我国基础设施工程质量明显低于美国。同时，随着网络媒体的发展，越来越多的房屋住宅质量问题被消费者在网上披露和曝光，这些问题主要集中在房屋漏水和渗水、外墙面脱落以及墙面开裂等质量通病，有的甚至出现了地基不均匀沉降、施工偷工减料等涉及房屋安全的问题。而造成这些质量问题的原因主要包括设计与施工脱节、机械化程度不高、管理不规范和不完善等。

▶　**1.1.2　劳动力供需之间的矛盾突出**

一直以来，建筑业都是劳动力密集型行业，目前在全球拥有超过 1.8 亿的从业人员，并且随着近年来全球人口老龄化趋势加剧，使得劳动力短缺现象日益严重，正逐渐成为一个全球性的普遍现象。同时，现代工程项目越来越需要更多的经验和技术来实行，使得大部分建筑企业都面临着熟练劳动力和技术工人严重短缺的问题。

普华永道曾发布报告称，美国婴儿潮一代的工人已进入退休阶段，20 世纪 60 年代中期至 70 年代末出生的一代也在逐渐淡出建筑市场，使得行业人才流失严重。美国建筑行业协会（Associated General Construction of America，AGCA）在 2017 年和 2019 年发布的报告中指出，70% 的施工单位难以招到熟练工人以及 78% 的建筑公司在小时工方面招工困难。根据世界经济论坛数据，美国 2016 年约有 71 万家工程建造领域的公司，其中只有 2% 的公司员工超过 100 人，80% 的公司只有 10 名或更少的员工，预计到 2030 年，美国现有建筑业劳动力中约有 41% 将退休，建筑业劳动力短缺届时将更为严重。

日本建筑业劳动力供给情况也不容乐观，安永 2017 年发布的报告《全球建筑业发展趋势》表明，日本在过去的 20 年中，技术型建筑工人的数量下降为从业人员的 28%。未来几年，日本建筑业将面临近 100 万人的劳动力缺口。为解决这一问题，日本建筑行业协会正在建立一个详细记录所有工人各类信息的数据库以帮助相关企业或机构雇用所需员工，日本政府也在 2019 年放开包括建筑业在内的低端劳动力外劳签证条件限制，并开始招募 20 000 名外籍工人。

而在中国，建筑业拥有着超过 5 000 万人的庞大从业人员群，吸纳了大量的农村劳动力，农民工在建筑业一线作业人员中占到 95% 以上，已成为支撑我国建筑业发展的主流力量。近年来，虽然农民工总数量和所占比重持续不断上升，但随着我国劳动力供需矛盾的日渐突出，建筑业也面临着劳动力短缺的问题。有关数据表明，虽然我国建筑业从业人员在全社会就业人员中占比为 7% 左右，但其增长率已连续两年出现大幅下滑，2019 年甚至出现了负增长（图 1.5）。

图 1.5　2010—2019 年全社会就业人员总数、建筑业从业人数增长情况
（数据来源：中国建筑业协会《2019 年建筑业发展统计分析》）

根据国家统计局近年来发布的《农民工监测调查报告》，2019 年建筑业一线作业人员平均年龄超过 45 岁，老龄化趋势明显，这将会大大加剧建筑业未来劳动力供给与需求的紧张程度。具体来说就是建筑业农民工年龄偏大会导致建筑企业的施工效率降低、建筑企业机械化和工业化的速度减缓、工人生活成本上升以及施工安全隐患加大等问题。同时，建筑业对一些年龄结构较年轻、文化程度较高的农民工群体吸引力较低，这一现象使得建筑业缺乏新鲜血液注入，进而造成劳动力成本的大幅上升。此外，建筑业的高速发展离不开高端技术人才，而我国建筑业中高层次专业技术人才较为匮乏。2018 年，建筑企业工程技术人员仅占行业从业人员的 12.7%。这都表明劳动力供给总量的减少、建筑业对新生代农

民工吸引力的下降以及建筑业对高端技术人才的需求都使得建筑业的用工形势变得紧张，这都严重制约着我国建筑业的发展和转型升级。因此，改变传统的建造方式来解决目前行业劳动力存在的问题已迫在眉睫。

▶ 1.1.3　生产环境与"以人为本"的理念冲突

人是建筑施工企业的竞争力源泉，而其他资源（如技术、机器、资本）都是围绕着如何充分利用人这一核心资源和如何服务于人而展开的。虽然科学技术日新月异，但由于机械化、自动化程度低，建筑业从业人员所处的生产环境恶劣、作业条件差、劳动强度大以及安全事故频发，使得建筑业已成为高风险行业之一，这与被广泛提倡的"以人为本"理念相冲突。根据美国职业安全与健康管理局（Occupational Safety and Health Administration，OSHA）的调查信息，建筑业在美国是较危险的行业之一，每年约有 1 / 5 的工人死亡发生在建筑业，并且工人受伤的间接费用比直接费用多 17 倍。《安全与健康杂志》的研究显示，在 45 年的职业生涯中，美国建筑工人有 75% 的可能性经历致残性损伤以及 1 / 200 的概率在工作中受致命伤，并有一定的概率患慢性阻塞性肺病。英国健康和安全执行局（Health and Safety Executive，HSE）在 2020 年发布的一份报告中指出，英国建筑业 2020 年约有 2.8% 的工人受伤，其致命伤害率（每 10 万名工人中有 1.74 人受伤）几乎是所有行业死亡率的 4 倍。而且有研究显示，在 20 世纪 40 年代出生的英国男性中，有 46% 的间皮瘤（一种癌症）患者与建筑行业有关，包括木匠、水管工和电工等。可以看出，建筑业的生产环境仍比较恶劣，亟须改善，与"以人为本"的发展理念矛盾突出。

第一，建筑施工现场安全事故频出，建筑工人的人身安全得不到保障。我国住房和城乡建设部公布的数据显示，近年来发生在建筑业的安全事故数量和死亡人数在逐年上升（图 1.6）。2019 年，全国共发生房屋市政工程生产安全事故 773 起、死亡 904 人，比 2018 年事故数量增加 39 起、死亡人数增加 64 人，分别上升 5.31% 和 7.62%。

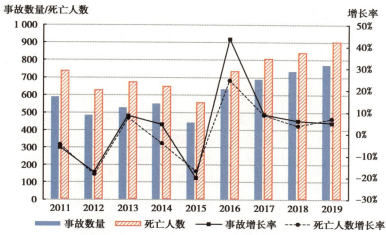

图 1.6　我国建筑业 2011—2019 年安全事故数量和死亡人数情况
（数据来源：住房和城乡建设部 2011—2019 年房屋市政工程生产安全事故情况通报）

第二，由于建筑施工现场劳动强度大、工作危险、生活环境差且拖欠农民工工资现象普遍，农民工血汗钱被剥削的情况屡见不鲜，其社会生产环境堪忧。

由此可见，无论是不断出现的工地施工事故，还是人事纠纷问题，都体现了作为弱势群体的建筑工人们所工作的社会生产环境与"以人为本"的观念产生了巨大的冲突，严重制约着我国建筑业的转型升级和劳动生产率的提高。因此，建筑业更需要改变传统的建造方式、推广应用先进的信息技术和管理理念，以解决行业生产环境目前存在的问题，从而推动建筑业的转型升级、适应"以人为本"的发展理念。

▶ 1.1.4 高消耗、高污染与绿色发展理念的冲突

建筑业是全球最大的能源和原材料消耗产业，在建筑的全寿命周期中要消耗大量的资源和能源。据统计，建筑业消耗了全球约 50% 的钢铁产量，每年有 30 亿吨原材料用于制造建筑产品，这对环境产生了极大的影响，已无法满足人们的绿色环保可持续发展的要求。国际能源署在 2018 年 12 月发布的一份现状报告中表示，2017 年全球建筑运营能耗已占全球能源消耗总量的 36%，如果加上建造施工过程中的能耗，这一数据将更高。以美国为例，安永的一份研究报告显示，美国住宅和非住宅的能源消耗占其全国能源消耗总量的 41%。

高能耗必然产生高碳排放，根据世界绿色建筑委员会（The World Green Building Council）的数据，建筑及其施工过程中产生的碳排放占了全球碳排放总量的 39%，其中运营排放（用于供暖、制冷和照明的能源）占 28%，整个建筑生命周期内的建造过程占了剩余的 11%。建筑产品的生产施工特性决定了工程建造必定会给环境带来影响，联合国环境规划署的《2019 排放差距报告》显示，全球碳排放总量持续上升，如果到 2030 年温室气体排放差距未能成功弥合，即使当前《巴黎协定》下各国提交的国家自主减排贡献都得以兑现，全球温度增长依旧可能突破 2℃。基于目前这种情况，许多发达国家都开始关注建筑节能减排。美国计划在 2050 年前实现所有建筑都在净零能耗（Net Zero Energy，NZE）概念的基础上建造，同时会推出多种新能源效率措施，如"AIA2030 承诺""建筑零能耗加速计划"等，预计届时将减少 80% 的碳排放；欧盟发布的《能源效率指令》和《建筑能源性能指令》将会着重通过脱碳处理提高现有建筑的翻新率，此举预计到 2030 年会为绿色建筑市场带来 238 亿欧元的收入。英国、日本、新加坡、韩国、印度等国家也都推出了相应的建筑节能减排计划和净零能耗建筑发展规划，以推动各自建筑业的绿色可持续发展。

中国是世界第一建筑业大国，也是全球最大的原材料消耗国，消耗了全世界近 40% 的水泥和钢材，并且存在着大量的资源浪费和损耗。但随着我国经济发展进入新常态，国家和政府越来越重视对生态环境的保护，提出了新发展理念，并将生态文明建设纳入了国家五位一体总体布局，这也对建筑业的发展提出了新的要求，绿色环保可持续的理念成为建筑业发展的新主题。而传统建筑业在建造过程中产生的建筑垃圾、建筑噪声等是城市环境污染的重要源头，是国家严格控制的污染源，并且国家还对建筑能源消耗提出了更高要求。

建筑垃圾是建筑业污染环境的最直接体现。根据前瞻产业研究院发布的统计数据，近几年我国每年建筑垃圾的排放总量为 15.5 亿 ~24 亿 t，占城市垃圾的比例约为 40%，造成

了严重的生态危机。建筑噪声也是工程建设过程中产生的污染之一，会严重影响周边居民的日常生活。根据生态环境部发布的《2020 年中国环境噪声污染防治报告》，各级环保部门接到的关于环境噪声的投诉占总投诉量的 38.1%，其中建筑施工噪声扰民问题以 45.4%的比例占据首位。同时，我国建筑业能源消耗量巨大，且随着我国建筑面积的不断增加和消费者对建筑要求的逐渐提高，建筑业的能源消耗还在不断增长。中国建筑节能协会能耗统计专委发布的《中国建筑能耗研究报告（2019）》显示，2019 年建筑业能耗为 9.47 亿吨标准煤，占全国能源消费总量的 21.11%，而建筑碳排放量也达到了全国能源碳排放量的19.5%。另外，我国每年老旧工程拆除量巨大，许多远未达到使用年限的建筑、道路和桥梁等被提前拆除，浪费现象极为严重。有关数据表明，我国建筑的平均寿命仅为 32 年，而欧美国家的建筑平均寿命均超过了 70 年，甚至很多超过 100 年。

以上数据表明，当前我国建筑业发展对环境和能源产生的压力较大，无法满足国家绿色环保可持续的发展要求；并且建筑业的能耗巨大，施工过程中会大量使用土地、砂石、钢材、水泥等资源，水、电、煤等能源消耗巨大。因此，迫切需要建筑业改变传统的建造方式，通过融合现代的信息技术和生产方法，提高资源利用率，向绿色环保可持续的方向发展。

1.2　全球智慧建造的兴起

以大数据、物联网、云计算、人工智能、移动通信等为代表的新一代信息技术助力工程建造实现转型升级和创新发展，2019 年，麦肯锡发布的研究报告《政府可以引领建筑业进入数字时代》表明，新技术的应用将促进建筑业的成果产出，各国政府都已为行业变革做好了准备，鼓励企业努力探索智慧建造的技术和实践体系的建构，并出台了相关战略和计划以推动建筑业进入数字时代。

▶　1.2.1　美国

美国智慧建造的发展侧重于建筑信息化层面的推进。美国是最早引领建筑业信息技术化发展的国家，其建筑业产业化发展已经进入了成熟期，在推动智能建筑、智能电网和建筑信息模型（Building Information Modeling，BIM）技术的发展和应用方面都已取得较大的进展，而这些都将成为其智慧建造发展的重要组成部分和坚实基础。1996 年，美国斯坦福大学 CIFE 实验室首次提出 4D 模型概念和

建筑信息模型

CIFE-4D-CAD 系统，使得 4D 模型技术逐渐走向了施工建造管理，让工程建造管理信息化逐渐成为现实。1997 年，美国著名建筑设计师弗兰克·盖里借助计算机建立了三维建筑模型，并完成了西班牙毕尔巴鄂古根海姆博物馆的设计，随后将数据信息传递到数控机床中进行构建的预制生产，最后在施工现场完成建筑物的拼装，整个建造过程与数字化建造理念非常接近。

进入 21 世纪后，美国开始使用和推广 BIM 技术。2002 年，Autodesk 公司正式提出了Building Information Modeling 的概念，自此之后 BIM 被广泛传播，美国各大软件公司相继推

出了 BIM 的设计、分析、模拟建造的软件。于 2007 年开始，美国政府就要求大型招标项目必须提交 3D BIM 信息模型，随后还相继出版了美国国家 BIM 应用标准（NBIMS）第一版和 BIM 应用手册第二版，第一版主要侧重 BIM 理论体系的建立和 BIM 标准的规范，第二版则侧重于 BIM 在各建造阶段的具体应用，为 BIM 技术在工程建造全生命周期的发展和应用指明了方向。后来，美国建筑师协会（American Institute of Architects，AIA）于 2008 年提出全面以 BIM 为主整合各项作业流程，使美国在 BIM 国际标准制定、基础软件研发等领域均处于世界领先地位。

美国在"智慧化"的战略部署重点放在智慧城市、基础设施战略方向的人工智能。在智慧城市方面，自 2009 年 1 月 IBM 正式向美国联邦政府提出"智慧地球"概念，建议投资建设新一代智慧型信息基础设施，随后，美国政府在其经济复兴计划中首次描述了智慧城市的概念。后来又于 2015 年 9 月发布了《白宫智慧城市行动倡议》，宣布将在联邦研究中投入至少 1.6 亿美元，并通过至少 25 项新的技术合作帮助当地社区应对关键挑战，尤其在减少交通拥堵、打击犯罪、促进经济增长、解决气候变化影响和提高城市服务水平等方面提供支持。之后，美国联邦政府融合发动美国国家科学基金会、国家标准与技术研究院、国土安全局、交通部、能源部、商务部等多个部门，在智慧城市的基础设施建设研究和实施国家优先领域的新解决方案两个方面投入资金并开展工作。2017 年，美国政府又发布《美国基础设施重建战略规划》，提出了打造安全绿色与耐久性建筑产品、建造过程经济效益和可持续性的同步发展、人工智能与建筑行业融合技术研发的发展规划。2018 年 2 月，特朗普政府出台了《美国重建基础设施立法纲要》（以下简称《纲要》），拟在 10 年内投入 2 000 亿美元刺激 2 万亿美元的国内基础设施投资，以期实现美国基础设施现代化、带动经济增长和降低失业率等目标，从而加强美国的国际竞争力。《纲要》涵盖了交通、能源、互联网、住宅等多个方面的内容，其中 200 亿美元的创新转型项目包括了无人驾驶汽车、无人机、模块化基础设施等先进技术。这一政策不仅是对老旧基础设施进行简单的修缮更新，还更加关注工程领域的科技创新和可持续发展，将深刻影响未来 10 年乃至更长远时期内美国基础设施的提升和工程建造领域的发展。

▶ 1.2.2 英国

英国近十年来在建筑业持续发力，2011 年 5 月，英国政府发布《政府建造战略 2011—2015》，该战略明确了英国建筑业的发展规划，提出要重视装配式建筑构件生产标准化和建筑信息模型使用标准化。次年，英国实现了 BIM 技术在设计、施工信息与运营阶段的资产管理信息的高度协同，并在多个部门确立试点项目，运用 3D-BIM 技术来协同交付项目。

2013 年，为巩固英国建筑业的全球领先地位，英国政府正式提出"Construction 2025"国家战略，从智能化水平、从业人员素质、可持续发展、带动经济增长和领导力等 5 个方面提出了英国建造 2025 愿景，制订的具体目标为：减少 33% 的全寿命周期成本、新建和改造工程项目的完成总时间减少 50%、在建筑环境中的温室气体排放量降低 50% 以及工程建造出口增加 50%。同时，设立了包含政企研三方的建设领导委员会进行落地实施，并在英国首次提出了智慧建造（Smart Construction），认为应在建筑设计、施工和运营等阶段充分利用数字技术和工业化制造技术来提高生产力和降低建造成本，并强调在技术方面要提升英国智能建筑和数字化设计水平，以及在产业链培育方面要推动智能建造供应链建设。由此可见，该战略的提出标志着英国建造正式朝智能化方向迈进。

在英国政府发布的《政府建造战略 2016—2020》中，设置了推动智能采购和提升数字技术在内的新的战略目标，以持续推动英国建造转型升级。2015 年，英国政府推出了《数字建造英伦》（Digital Built Britain）计划，拟在未来 10 年中将 BIM 与物联网、大数据等相结合，降低建设成本和提升运营效率，并明确了发展智能技术和大数据集成在内的 7 个方面的实施计划，该计划说明了英国在智能建造领域正引领全球方向。英国数字建筑中心（Centre for Digital Built Britain，CDBB）在 2018 年发布了《年度报告：迈向数字化英国建筑》，回顾了英国在智慧建造方面取得的进展以及制定了未来的发展规划，在 2019 年发布了《英国数字建筑能力框架和研究议程》明确了在数字建造领域英国所需具备的新知识、技能或能力，从而实现数字化英国战略。

▶ 1.2.3　德国

德国拥有世界上最先进的工业化技术与产业链，从建筑产品的设计到施工、再到运维都已实现机器标准化作业与管理，为其建筑行业迈向信息化和智慧化的时代奠定了基础，也为各国智慧建造提供了一种模式。作为建筑工业化的诞生地和最早倡导者之一，德国的建筑工业化受到制造业标准化思想的启蒙，于 19 世纪 40 年代率先提出利用模块化的产品进行建筑形式的组装。1845 年，德国弗兰兹发明了人造石楼梯，即德国的第一个预制混凝土（Precast Concrete，PC）构件，标志着德国 PC 装配式建筑道路的开启。

德国在工业 4.0 战略的引领下，掀起了第四次工业革命的浪潮，旨在推动工程建造领域的变革。德国提出的"工业互联网"概念，倡导将人、数据和机器连接起来，形成开放的全球化的工业网络，其内涵已经超越制造过程及制造本身，跨越了产品生命周期的整个价值链，甚至跨越了行业。2014 年，德国建筑行业协会发起了"Planen und Bauen 4.0"倡议，提出德国建筑业应在 BIM 应用和其他数字技术的创新中发挥积极作用。随后，德国联邦政府交通和数字基础设施部在 2015 年正式发布了由德国 BIM 工作组制定的《数字化设计与建造发展路线图》，详细描述了德国建筑业迈向数字化设计、施工和运维的发展路径，提出要通过应用 BIM 技术来降低工程风险和提升项目效率，不断优化工程建造全寿命周期成本管控，防止出现延误工期和超预算现象。

▶ 1.2.4　日本

日本对于智慧建造的推动政策基于日本信息化的发展，最早源自 1990 年代，日本逐步确立了 IT 立国的战略，2001 年制定并开始实施"e-Japan 战略"，该战略的核心目标是促进信息化基础设施建设以及相关技术的研发，为信息化的发展打下坚实的物质基础，2004 年又出台了"u-Japan 战略"，通过进一步加强官、产、学、研的有机联合，实现所有人与人、物与物、人与物之间的连接，2009 年在实现了"u-Japan 战略"后又推动"i-Japan战略"的进一步落实，推广基于数字技术"新的行政改革"，大幅提高公众办事的便利性，努力实现行政事务的简单化、效率化和标准化，从而实现行政事务的可视化。从"e-Japan"到"u-Japan"再到"i-Japan"，标志着日本信息化战略的发展，同时也为智慧建造的发展奠定了技术基础。

自 2009 年起，BIM 大量出现在日本的研究报告和文章中，为推动 BIM 的发展，日本国土交通省也在 2010 年 3 月选择一项政府建设项目作为试点，探索 BIM 在设计可视化、信息整合方面的价值和实施流程。日本建筑信息技术软件产业成立国家级国产解决方案软件联盟。受到美国发布的关于 BIM 标准和应用的 NBIMS 规范影响，2012 年，日本建筑师协会发布了从设计师视角出发的 *JLA BIM Guideline*。2014 年，日本国土交通省发布了《BIM 导则》，成为日本政府唯一承认的 BIM 应用规范。随后 BIM 软件公司根据 BIM 导则发布了软件的用户操作指南。在日本，BIM 被广泛运用于政府项目和大型建筑项目中。日本的大型建筑企业与 BIM 软件公司合作，研究制定出适应自己企业的 BIM 应用于建筑项目的方法和规范，并在实际项目运行中得到了良好反馈。在设计和施工阶段中，日本进一步尝试在工程监理中运用 BIM 与信息通信技术相结合等方式。

2015 年 6 月，日本内阁会议通过了新的《日本再兴战略》，明确提出要以 IoT（Internet of Things）、大数据、AI 推进以人为本的"生产力革命"。为此，日本国土交通省开始在建设工地实施"ICT（Information and communications technology）土木工程"，取名"i-Construction（建设工地的生产力革命）"，即在建筑现场导入 ICT 技术。ICT 即通过情报通信技术将计算机、网络等新技术引入建筑现场。i-Construction 是以"情报化"为前提，主要涉及 3 个方面的措施。ICT 技术的全面使用：在施工现场，项目采用无人机等进行三次元测量，采用 ICT 控制机械进行施工以实现高速且高品质的建筑作业；规格的标准化：施工现场由于尺寸、作业方式的不同施工要求也不同，采用技术统合进行数据分析将施工现场的规格标准化以实现最大效率；施工周期的标准化：项目采用更加先进的计划管理系统使施工周期可控，同时分散周期排序，减少繁忙期和闲散期。

▶ 1.2.5 中国

中国的智慧建造是在建筑工业化、建筑信息化的基础之上发展起来的。在 2000 年，《中共中央关于制定国民经济和社会发展第十个五年计划的建议》指出："大力推进国民经济和社会信息化，是覆盖现代化建设全局的战略举措。以信息化带动工业化，发挥后发优势，实现社会生产力的跨越式发展。"推进国民经济和社会信息化，是国家发展战略的重要内容。2002 年，党的十六大报告指出要"以信息化带动工业化，以工业化促进信息化，走新型工业化道路"。

习近平总书记在 2019 年新年贺词中指出："中国制造、中国创造、中国建造共同发力，继续改变着中国的面貌。"这是我国首次提出"中国建造"的理念。为响应这一号召，中国工程院开展了中国建造 2035 战略研究项目，该项目将围绕智能建造、新型工业化建造与装备工程、中国建造全球化发展等内容展开课题研究，项目研究旨在以智能建造为技术支撑，以建筑工业化为产业路径，制定"中国建造"高质量发展战略规划，实现工程建造的转型升级和可持续高质量发展。2020 年 7 月，住房和城乡建设部等十三个部门发布《关于推动智能建造与建筑工业化协同发展的指导意见》（以下简称《指导意见》）。《指导意见》明确提出，我国要围绕建筑业高质量发展总体目标，以大力发展建筑工业化为载体，以数字化、智能化升级为动力，形成涵盖科研、设计、生产加工、施工装配、运营等全产业链融合一体的智能建造产业体系。到 2025 年，我国智能建造与建筑工业化协同发展的政策体系和产业体系基本建立，建筑产业互联网平台初步建立，已形成一批智能建造龙头企业，打造出"中国建造"的升级版。到 2035 年，我国智能建造与建筑工业化协同发展取得显著进展，建筑工业化全面实现，我国迈入智能建造世界强国行列。2022 年 1 月，住房和城乡建设部在《"十四五"建筑业发展规划》中提出要加快建筑机器人研发和应用，辅助和替代"危、繁、脏、重"施工作业。2023 年 2 月，中共中央、国务院印发《质量强国建设纲要》，指导打造中国建造升级版。

除了 BIM 技术外，新一代信息技术如物联网技术、3D 打印技术、人工智能技术、三维激光扫描等技术也不断与建筑业融合，为智慧建造添砖加瓦。2012 年，我国开始将物联网技术引入建筑行业，以实现建筑物与部品构件、人与物、物与物之间的信息交互。2015 年 7 月，我国明确将"互联网＋人工智能"列为重点行动之一。2017 年，中国人工智能核心产业规模占比超过 15%。人工智能技术在我国建筑业的应用不断增强，在建筑规划中结合运筹学和逻辑数学进行施工现场管理；在建筑结构中利用人工网络神经进行结构健康检测；在施工过程中应用人工智能机械手臂进行结构安装；以及在工程管理中利用人工智能系统对项目全周期进行管理。2018 年，清华大学—中南置地数字建筑研究中心创新发明的机器臂自动砌筑系统，首次将机器臂自动砌砖与 3D 打印砂浆结合在一起，形成全自动一体化智能建造系统，并在世界上首次把该系统运用于实际施工现场。除此之外，以 ZigBee 等技术为核心的无线传感网络和传感器技术，已经在我国建筑领域的施工安全管理中取得成效。

随着建筑工业化、建筑信息化进程不断加快，新兴技术的不断发展，建筑业开始探索一种新兴的工程建造模式——建立在信息化、工业化上的高度互联、深度融合的智慧建造模式。考虑到建筑业与制造业在产品建造模式上具有趋同性，我国政府借鉴德国"工业 4.0"，于 2014 年提出了"中国制造 2025"的行动纲领，力求通过新型工业化，让数字经济和实体经济结合从而提升我国的综合实力。而在我国工业化的另一个重要优势"中国建造"上，政府提出结合当前的数字经济发展态势，按照"两化深度融合"的思路，全面提升我国的建造水平。

自此，智慧建造也开始引起了国内学术界的广泛关注，各个学者基于智慧建造开展研究，相关学术会议不断出现，为我国智慧建造的发展奠定了理论基础。2010 年以来，若干学者开始阐述智慧建造，鲁班软件创始人杨宝明博士是"智慧建造"一词的来源。他指出，智慧建造是从事智能建筑工程管理、智慧工地建设、工程施工、建造信息技术工作，利用新技术、新方法进行建造的管理全过程。中国工程院院士丁烈云表示，智能建造即数字技术与工程建造系统深度融合形成的工程建造创新发展模式，其技术基础是融合数字化、网络化、智能化与工程建造。此外，关于智慧建造的组织也陆续出现，如一些地方协会成立的分会、全国性协会下属的专业委员会等。从 2017 年开始，关于智慧建造的会议不断出现，如"全国基础设施智慧建造与运维学术论坛""智慧城市与智慧建造高峰论坛""中国建筑转型升级与智慧建造高峰论坛"等。2018 年，由东南大学牵头建设的"智慧建造与运维国家地方联合工程研究中心"获国家发改委批准并正式成立。

为加快推进工程建造技术科技化、信息化、智能化水平，在人才培育方面，我国逐步建立了智能建造人才培养和发展的长效机制，加快形成多领域融合渗透的复合型人才培养体系。2015 年，教育部发布了新版的高职专业目录，其中设有云计算技术与应用、工业机器人技术、物联网应用技术、智能产品开发、智能控制技术、智能终端技术与应用等相关专业，2016 年增补了大数据技术与应用专业。2018 年 3 月 15 日，教育部首次将智能建造纳入我国普通高等学校本科专业。截至 2020 年 8 月，全国开设智能建造专业的大学共有 24 所。此外，智慧化建设项目的落地岗位正式形成，由中国建筑科学研究院认证中心评价监督，北京中培国育人才测评技术中心组织实施的智能建造师专业技术等级考试和认定工作正式开启。

智慧建造作为一种建立在高度工业化、数字化、信息化上的互联互通、智能高效的可持续建造模式，是建筑业发展过程中必然要经历的一个重要发展阶段，使工程建造向着更加智慧、精益、绿色的方向发展，以期实现建筑全生命周期的智慧建设，推动建筑业转型升级、提质增效，深化建筑业供给侧结构性改革。随着物联网、云计算、大数据、人工智能等新一代信息技术和实体经济的深度融合，智慧城市建设进入发展黄金期，智慧建筑行业也迎来了新的发展机遇。

1.3　智慧建造的概念与内涵

▶　1.3.1　智慧与智能的本质

尽管国内外学者围绕"智慧（smart）"与"智能（intelligent）"展开了较为广泛的论述，但对其概念界定，尤其两者内涵的辨析尚未达成统一。根据《辞海》和《现代汉语词典》的解释，"智慧"（smart）是指生物体所拥有的一种高级综合能力，主要指的是思考、分析、推理、决定等能力，其包含情感与理性、意向与认识、生理机能与心理机能等众多因素；而"智能"（intelligent）则是要感知系统在其中运行的环境，关联系统周围发生的事件，对这些事件作出决策，解决问题、生成相应的动作并控制它们。

比较而言，除了两者所共同具备的部分解决能力外，智能通常被形容为思维敏捷和对反馈的快速响应，智慧是在智能的基础上赋予机器思考和执行的能力。比起偏重技术化应用的"智能"一词，"智慧"更为注重技术实现过程中的人的多样化需求。从本质上理解，"智慧"是"智能"的下一个阶段，新一代信息技术与具体应用场景的深度融合是实现"智能化"发展的基石，而人的智慧则是这种"智能化"发展的灵魂和精髓。

从智能化到智慧化的进阶中，有"自感知""自适应""自学习""自决策""自执行"等 5 个典型的特征，具体如下所述。

（1）自感知

自感知是指对外部世界进行智能感应、感知、识别的技术。人类通过眼耳口鼻手等工具对外界进行感知，机器设备等则通过传感器、摄像头等终端设备对外部世界进行感知、测量、捕获和信息传递，以实现对建筑乃至城市物理空间全面、综合的感知，自感知是自学习、自决策等行为的基础。

（2）自适应

自适应来自复杂系统的概念，指系统适应环境的变化而自动调整自身结构和功能的过程。机器设备具有自适应的特征，才能实现在复杂工况环境中的集群化交互，在运行过程中不断感知外部环境与信息，以调整自身工作状态，使系统始终保持在最优或者次最优的运行状态。

（3）自学习

自学习是指能够按照自身运行过程中的经验来改进控制算法的能力，它是自适应系统的一个延伸和发展。机器设备等通过自学习重新组织已有的知识结构使之不断改善自身的性能。

（4）自决策

自决策是指在没有人为干预的条件下，系统利用自身的感知能力、适应能力、学习能力、分析能力等，在设定好的决策原则下做出自主决策的过程。

（5）自执行

自执行则是将自决策的决策结果在系统中执行并将结果反馈到系统中。

▶ 1.3.2　智慧建造的概念

目前学术界对"智慧建造"的定义尚未达成统一，而"智慧建造"与"智能建造""数字建造"等术语有着类似性，这几个概念在一定程度上也代表着行业数字化、智能化、智慧化的进阶。普遍认为智慧建造是智慧城市、智能建筑的延伸，即"智慧""智能"延伸到工程项目的建造过程中，即产生了智慧建造的概念。智慧建造是智能建造发展的更高阶段。丁烈云院士指出，智能建造是新一代信息技术与工程建造融合形成的工程建造创新模式，即利用以"三化"（数字化、网络化和智能化）和"三算"（算据、算力、算法）为特征的新一代信息技术，在实现工程建造要素资源数字化的基础上，通过规范化建模、网络化交互、可视化认知、高性能计算以及智能化决策支持，实现数字链驱动下的工程立项策划、规划设计、施（加）工生产、运维服务一体化集成与高效率协同，不断拓展工程建造价值链、改造产业结构形态，向用户交付以人为本、绿色可持续的智能化工程产品与服务。重庆大学毛超教授指出，智能建造是在信息化、工业化高度融合基础上，利用新兴信息技术对建造过程赋能，推动工程建造活动的生产要素、生产力和生产关系升级，促进建筑数据充分流动，整合决策、设计、生产、施工、运维等整个产业链，实现全产业链条的信息集成和业务协同、建设过程能效提升、资源价值最大化的新型生产模式。中国建筑股份有限公司总工程师毛志兵指出，智慧建造是在设计和施工建造过程中，采用现代先进技术手段，通过人机交互、感知、决策、执行和反馈提高品质和效率的工程活动。清华大学马智亮教授指出，智慧建造意味着在建造过程中充分利用智能技术及其相关技术，通过建立和应用智能化系统，提高建造过程智能化水平，减少对人的依赖，实现安全建造，并实现性能价格比更好、质量更优的建筑。

当下，工程建造活动内外部环境不断发生变化，同时也增加了工程建造系统演化过程中的复杂性和不确定性。对于这类复杂适应系统，采用物理逻辑来简单实现智能控制已不能满足工程实践的需求，需要更高维度的"智慧化"建造来不断重新审视在原有认识基础上所建立的控制规则体系的适应性和正确性，并加以评估、研究和修正。

参考并综合各位学者对智慧建造的定义和理解，本书将"智慧建造"的概念表述为：智慧建造是智能建造的后一个阶段，以建筑工业化为基础，以新一代信息技术的融合赋能，全产业链数据系统协同为驱动，全新搭建工程建设活动和技术"类人化"的知识规则算法，训练各类业务机器模仿人的专业认知和行为过程，用数据驱动工程建设活动各种技术或管理的自我学习和自我迭代，让机器设备具备感知、辨析、判断、决策、反馈、优化的能力，进而实现更大范围、更深层次对体力替代和脑力替代，以提升工程建设活动的效率和品质。这个概念中的"业务机器"是广义内涵的机器，包括了数据分析平台、专家系统、流程、软件、机械设备、工具等类型机器人。

1.4 智慧建造的特征

智慧建造是在新一代信息技术驱动下的工程建设全产业链、全过程技术范式和管理范式的转移，包括生产方式、组织形式、管理模式、建造过程、产业格局等全方位的系统变迁。区别于传统的建筑业及工程建设活动，类比于智能制造系统，智慧建造在技术与管理等方面具有下述特征。

▶ 1.4.1 技术特征

（1）技术融合性

智慧建造不是单一技术可以支撑的，它需要以智能技术及其相关技术的融合性应用为前提，以信息物理融合系统（CPS）为核心，融合包括物联网、定位等感知技术、互联网、云计算等传输技术、移动终端、触摸终端边缘等存储技术、记忆、BIM、GIS 等专业数据技术、大数据、人工智能等分析技术，以及三维激光扫描、三维打印、机器人等机器换人的技术。通过将这些技术进行深度而系统的融合，智慧建造各阶段各类活动可以实现以灵敏感知、高速传输、精准识别、快速分析、优化决策、自动控制、替代作业等为集成特征的智慧化转型。

（2）技术迭代性

智慧建造是由数字化、网络化、智能化逐步递进而来的，其技术是在各个阶段不断地迭代和进化，同时在传统工程建设活动和阶段中不断叠加新技术而实现的。每一个阶段的技术迭代，都会推进行业进入下一个新阶段。

（3）基于知识模型的技术

在工程建设各类活动的技术或管理的智慧化升级中，智慧建造以强有力的专业知识库和知识模型为基础，实现知识从人类到机器的迁移。

（4）人机一体化

智慧建造人机一体化特点超越了单纯的智能，人机一体化属于一种混合智能。基于人工智能的智能机器智能地进行机械式的推理、预测、判断，它只能具有逻辑思维，至多做到形象思维，完全做不到顿悟思维。智慧高阶的顿悟要以人工智能机器取而代之是不现实的。只有人类专家才能具备 3 种思维能力。因此，智慧建造中依然要强调人的重要性，以人机一体化为特点，在智能机器的配合下，更好地激发出人的潜能，使人机之间相互协作，各显其能，相辅相成。

▶ 1.4.2　管理特征

（1）以数据驱动的管理可控性

建设项目具有的复杂性、周期性特征导致了全过程中不确定性问题比较多，智慧建造要实现的就是管理可控可优化。不确定性问题的基础是数据，智慧建造以数据驱动为主要动力，以 BIM 为数据的核心载体，通过感知、存储、分析、优化、执行，进行过程智能化的持续迭代，促进数据流端到端的充分闭环式流动。

（2）以 CPS 为框架的管理集成性

信息物理系统（Cyber Physical System，CPS）集成了感知、通信、计算、控制等信息技术，构建了高效协同、实时交互的信息集成系统，被广泛应用于各个领域的数据收集和分析工作。CPS 提供了一种智慧框架逻辑，即数据感知、数据传输、实时分析、控制决策。智能建造的核心在于，利用 CPS 的数据处理逻辑实现工程数据和信息的集成应用，增强了建筑业实时使用各种信息解决阶段内单个问题的能力。

（3）超柔性

超柔性是指建筑业生产活动的柔性，建筑业生产活动复杂多变、柔性较差，而技术的加入使建筑产品具有自适应性，能根据需求变化实时调整管理方式和施工组织模式等，把建筑业的供应驱动重塑为需求驱动，针对不同的需求提供灵活可变的个性化服务。

1.5　智慧建造的实现途径

当前智慧建造的实现途径主要包括两个方面：一是，新兴信息技术对工程建造活动进行智慧化赋能；二是，面向决策、设计、生产、施工和运维全过程，建筑工业化和建筑信息化在交替演化进程中深度融合，从而实现建筑业全参与方、全要素、全产业链的协同升级。

▶ 1.5.1　新兴信息技术的智慧化赋能

新兴信息技术可对建筑业进行智慧化赋能，实现建筑业向智慧建造的转型升级。产业转型升级是指发展方式的转变，核心是所采用的产业技术升级、运作模式或管理方式改善，强调产业内各企业的协作方式优化，产业链价值提升，形成更完善、更高效的产业体系。

技术创新是产业转型升级的关键。作为创新理论的鼻祖约瑟夫·熊彼特提出，"所谓创新，就是建立一种新的生产函数，也就是说，把一种从来没有过的关于生产要素和生产条件的新组合引入生产体系"。技术创新提升了产业的生产力、改善了产业的生产关系，以实现对不同生产要素和资源的配置与优化。技术创新的外部效应可引导市场需求的变动，进而将产业的供应驱动重塑为需求驱动，促进了产业的转型升级。

建筑业的智慧化转型是指新兴信息技术对建筑业的生产要素、生产力和生产关系进行赋能，使建筑业具备自感知、自适应、自学习、自决策、自执行等智能化特征。新兴信息技术对生产要素的升级是指人、材料、机械设备等生产要素向机器人、新型建筑材料、智能化的机械设备、智能终端等要素转变。新兴信息技术对生产力的升级是指各阶段的生产工具、生产技术的优化，如设计工具、施工技术、信息管理技术等，以更好地实现对建筑数据资源的利用，减轻工作对人的体力依赖和脑力依赖。新兴信息技术对生产关系的升级是指工程建造活动涵盖的各参与主体间管理活动的优化，使管理者从传统的管理思维中跳脱，武装上智能化的管理思维，最终实现建筑产品的智慧化，如图 1.7 所示。

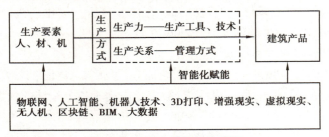

图 1.7　建筑业的智慧化赋能

▶ 1.5.2　建筑工业化和建筑信息化的高度融合

建筑工业化首要的转变，就是将使用人力畜力来建造的方式转变为使用机械工具进行辅助生产。我国工业化发展是从 20 世纪 50 年代初发展预制技术开始的，建筑信息化则从手工绘图导向计算软件辅助设计为开端，80 年代初我国才开始发展建筑信息化，以解决建筑结构分析。建筑工业化与建筑信息化都是我国建筑业发展的两个阶段，我国信息化基础设施建设已逐渐完善，信息化发展也处于一个较高水平，但信息化在建筑行业中的应用仍然没有达到一定的深度，与建筑工业化的融合发展更是处于探索阶段。因此有必要界定二者之间的区别与联系。

建筑工业化就是采用现代化机械设备、科学合理的技术手段，以集中的、先进的、大规模的工业化生产方式代替过去分散的、落后的手工业生产方式的建造方式。第一，要实现这些特征和手段必须依靠相应的信息技术手段，在建筑工业化不断发展的前提下，对这些信息技术手段的需求越加强烈，不断促使信息技术得以改进和升级。指引工业化发展可以极大地拉动信息化的发展。第二，信息化是以信息技术和知识为主要生产要素，这一特性使得它必然是作为一种辅助工具和服务对象而存在的，而建筑工业化的发展恰恰为其提供了良好的载体，只有在建筑工业化发展的基础上，信息化所包含的抽象生产要素才能够得以具体化和实践化，并且在实践中使信息技术得到检验和改进，从而使信息化不断发展。

　　建筑业信息化是通过信息技术在建筑领域的应用，促进改造和提升建筑业技术手段和生产组织方式，从而提高建筑企业经营管理水平和核心竞争能力，提高建筑业主管部门的管理、决策和服务水平的过程。而这一过程正是基于采用现代化机械设备、科学合理的技术手段，以集中的、先进的、大规模的工业化生产方式来实现的。因此，信息化对建筑工业化生产方式具有很大的反向促进作用。第一，信息化可以为建筑工业化的发展注入先进的生产要素，信息化所包含的信息技术要素具有高技术性和高智能性等特点，可以帮助建筑工业化实现工业化生产方式，第二，信息化可以极大地提升建筑工业化的生产效率，在建筑生产过程中，信息化通过发挥具体信息技术的强大作用，可以大幅度提高建筑构配件的生产加工精度，确保实现自动化、集成化和智能化建造，同时实现建筑生产的全过程管理，从而大幅度提高建筑工业化的生产水平和生产效率。通过提供新的生产要素和集成高效的生产方式为建筑工业化与信息化融合提供有力保障和支撑。

　　因此，工程建造领域的智慧化则是在工业化与信息化高层次深度融合的背景下产生的。图1.8就表达了智慧建造阶段将由信息化、数字化、智能化走向智慧化的进阶。

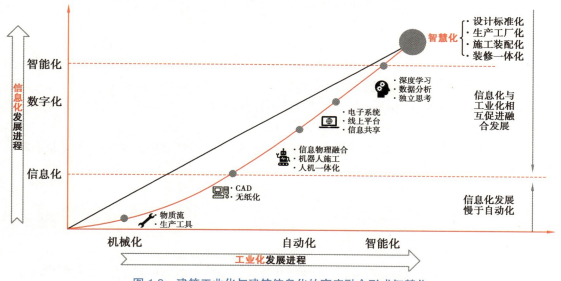

图 1.8　建筑工业化与建筑信息化的高度融合形成智慧化

　　智慧建造则是工业化和信息化高度融合后达到的又一个新阶段。建筑工业化对信息化有着巨大拉动作用，而信息化反过来又可以极大地促进建筑工业化的发展，二者并不是同步发展的，是行业进行的两个阶段，将建筑工业化与信息化有机结合起来，实现两者深度融合是智慧建造的契机和关键点，将促进建筑业变革，实现中国建造高质量发展。它将助推建筑行业迈向发展新时代。2020年7月，我国住房和城乡建设部等十三个部门联合印发《关于推动智能建造与建筑工业化协同发展的指导意见》，强调建筑业向工业化、数字化、智能化方向升级，加快建造方式转变，推动建筑业高质量发展，打造"中国建造"品牌。《意见》指出要以大力发展建筑工业化为载体，以数字化、智能化升级为动力，加大智能建造在工程建设各环节的应用，推动建筑业由智能建造向智慧建造转变，形成涵盖科研、设计、生产加工、施工装配、运营等全产业链融合一体的智能建造产业体系。

► 1.5.3 智慧建造的演化阶段

基于对"智慧""智能"的理解，毛志兵指出，实现智慧建造的路径就是以工业化筑基、用信息化赋能，推动建造的"数字化、网络化、自动化、智慧化"，智慧建造的演化和发展需要经历感知阶段、替代阶段、智慧阶段3个阶段。

（1）感知阶段

感知阶段就是借助信息技术，扩大人的视野、拓展人的感知能力以及增强人的部分技能。比如现在智慧工地就大体处于这个阶段，利用物联网、传感器等技术采集施工过程中的相关数据，通过设计安全、环境、动作等算法，智能辅助管理人员进行判断和决策。这一阶段的智慧仅起"辅助性"作用。

（2）替代阶段

替代阶段就是要借助工业化和信息技术，采用从体力方面进行"机器换人"，解决劳动力问题，利用机器人完成人类低效率、低品质或高风险的工作。这一阶段的智慧可以起到"体力替代"作用。

（3）智慧阶段

智慧阶段就是全面借助大数据、物联网、人工智能等信息技术，在各个环节活动和决策上建立"类似人"的思考能力，由一部具有强大的自我学习、自我进化能力的"建造大脑"，完全替代人的大部分体力性生产及脑力性管理活动。这一阶段的智慧可以起到"脑力替代"作用。

3个演化阶段的实现面临不少挑战，并不是一蹴而就的，而是需要从技术层面不断地进行迭代，也需要分阶段分重点逐步实现。

1.6 智慧建造各生命周期概述

建筑业的各阶段经过智慧赋能后，从传统的建筑产品阶段升级为智慧决策、智慧设计、智慧生产、智慧施工、智慧运维等新生命周期。本书第3至第5章将对相关阶段的技术和应用等情况做详细介绍。

建设工程活动各个阶段的智慧化转型如图1.9所示。

► 1.6.1 智慧决策概述

新兴信息技术给决策阶段升级包括决策思路的升级和决策工具的升级。

（1）决策思路由"经验决策"升级为"数据决策"

工程建造活动中产生了大量的数据，这些数据中往往隐藏着消费规律、市场趋势等，通过对数据进行挖掘和分析，实现数据的规律显性化，一条条规律组合起来辅助决策者决策，让决策有据可依。如利用大数据技术分析所收集的购房者对建筑风格、建筑户型、建筑价格等的评价，对建筑产品进行需求导向的定位。

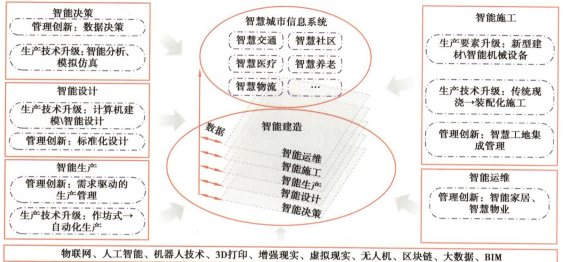

图 1.9　建设工程活动各个阶段的智慧化转型

（2）决策工具从"简单的统计分析"改为"技术支撑下的智能分析"

人工智能、大数据等技术对决策阶段收集到的信息进行分析，搭建数据模型对实际情况进行模拟仿真和预测，通过仿真结果来决策并进行优化。如利用人工智能技术建立可行性研究所需的数据库，以调研数据为基础，以专家系统的形式为用户提供各种相关模型（如消费市场结构模型、选址模型、风险模型等），从而为可行性研究报告的编制提供参考借鉴。

► 1.6.2　智能设计概述

新兴信息技术对建筑设计阶段的升级体现在两个方面，即设计工具的升级和设计逻辑的转化。

（1）设计工具的升级

CAD 技术的出现推动了建筑设计的第一次飞跃发展，而 BIM、人工智能等新兴信息技术推动了设计工具从 CAD 绘图到三维建模设计、计算机建模辅助设计的飞跃。它们可以协助设计人员完成手工难以完成的测量、计算和设计工作。BIM 在设计中产生了大量的应用场景，如虚拟施工、碰撞检查、综合优化、砌体排布等，这也使建筑设计的建筑、结构、水电、设备、装修等多专业协同成为可能。

在上述的设计过程中，技术的升级只减轻了设计人员的体力工作，但是没有减轻他们的脑力工作。而人工智能技术通过模拟设计人员的思考过程，使设计过程更加智能化。如衍生式设计就是智能设计的一种，它是基于逻辑、算法或者基于规则的设计过程，模拟人脑思维，计算机自动探索设计方案所有可能的排列组合。智能设计的应用场景较多，如 AI 智能设计系统会根据建筑师布置的任务进行设计，并与建筑师进行设计互动；利用 VR 和 GIS 等技术实现建筑设计环境的实时仿真模拟。

衍生式设计

从三维建筑信息模型到智能设计，是一个设计更加自动化的过程。

（2）设计逻辑的转化

新兴信息技术带来的更重要的是设计逻辑的转变。英国NBS（National Building Specification）发布的《国家BIM报告2018》提出，BIM在建筑业和制造业之间搭起了桥梁，建筑业的设计逻辑向制造逻辑转变。建筑设计参考工业化的思维进行产品标准化设计，设计标准化的特征即通用化、模块化（组合化）、系列化。标准化的设计逻辑可表述为：首先根据人体工学和模数化，将人的尺度翻译成通用的空间尺度，形成基本的活动单元（如盥洗单元、如厕单元、淋浴单元），基本活动单元是符合建筑模数通用化的部品部件；不同的活动单元组成功能房间（卧室、起居室、卫生间、厨房等），即为模块化；功能房间组合形成系列化的户型产品。

► 1.6.3 智慧生产概述

智慧生产是对生产管理思路和生产技术的升级。

（1）需求驱动的生产管理

建筑智能生产包括生产准备、原材料采购、构件生产等步骤。生产准备阶段，引入现代数字工厂的概念，根据用户的需求，迅速收集资源信息，对产品信息、工艺信息和资源信息进行分析规划，为材料采购和构件生产做准备。技术支持下的生产信息集成可实现预制构件质量管理、生产计划管理和生产进度管理，还可以根据施工进度调整生产计划。如基于BIM、RFID技术的预制构件管理系统，可以实现对预制构件的跟踪管理、质量追溯等功能。

（2）工厂生产方式向智能化方向转变

构件生产方式包括离散制造和流式生产，离散制造更加灵活，用于制造生产流程和工序不固定的小型构件；流式生产适用于制造生产工序相同、尺寸不同的构件。多种生产方式适配不同的构件生产需求，体现了柔性生产的理念。传统的生产方式是将建筑构件生产搬到工厂中，是人工作坊式的生产方式，模台不动，人流动，是静态的施工，自动化程度较低；现在工厂中虽然有半自动化的生产线，但仍旧是流水化工人作业；而未来可能实现全自动化的工厂生产线，以数控生产线、3D打印、机械臂的人机协同的工作方式进行生产，提升生产质量和生产效率。

► 1.6.4 智慧施工概述

技术在施工阶段的应用主要带来了施工生产要素的升级、建造技术的升级和项目管理的智慧化，产生了新的施工组织方式、流程和管理模式。

（1）施工生产要素升级体现在材料、设备的智能化

施工生产要素升级是指建筑材料和施工机械设备的升级，包括新型建筑材料和智能机械设备的应用。智能设备是以智能传感互联、人机交互、新型显示及大数据处理等新一代信息技术为特征，以新设计、新材料、新工艺硬件为载体的新型智能终端产品及服务，如在安全管理中常用的智能安全帽、智能手环、无人机等设备。智能安全帽可以监测工人的

不安全行为，将数据汇总到后台进行实时监控。智能机械包括挖掘机、起重机等，如智能挖掘机，综合利用传感、探测、视觉和卫星等多信息融合，使挖掘机具有环境感知能力、作业规划及决策能力。此外，施工机器人的引入也是生产要素的升级，施工机器人可完成建筑墙面砂浆刮平、砌墙等工作，大大提高施工效率，降低施工风险，如现在生产的砌砖机器人，铺砖量可达到 1 000 块 / h，并可连续 7 天 × 24 h 工作。

（2）建造技术的升级体现在装配化施工

建造技术的升级是指施工方式从传统的现浇混凝土施工到装配化施工，目前建筑施工装配化主要有 3 种方式。较为常见的生产方式是现场建造方式，是现浇与现场装配的配合，这种建造方式可以实现生产和装配同时进行。第二种生产方式是工厂化建造方式或者预制装配式，70%~90% 的工作都是在工厂完成，然后运输到施工现场进行拼装。根据装配化程度不同，又可分为全装配式和半装配式。装配式建筑体系包括大型砌块建筑、装配式大板、骨架板材、盒式建筑、装配整体式建筑。第三种是使用 3D 打印技术实现现场整套打印，实现了建筑自动化建造，减少了劳动力投入，降低了施工成本和施工时间，增加了建筑的自由度。3D 打印分为施工现场打印或者异地打印再运输到现场。

（3）项目管理的智慧化体现在智慧工地整体解决方案

"智慧工地"是建立在高度信息化基础上的一种支持人和事物全面感知、工作互通互联、信息协同共享、决策科学分析、风险智慧预控的新型信息化管理手段。其特征包括全面感知，即可感知不同主体、不同对象的各类工程信息；工作互联互通，将分散在不同阶段、不同主体、不同终端中的各种信息汇集在智慧管理信息平台，实现生产过程可视化；更智能化，利用大数据、人工智能等方法实现复杂数据的处理、分析和预警，从而进行安全管理、质量管理等。例如，RFID 技术被广泛应用于人员定位与管理、物料追踪、设备使用权限管理等；计算机视觉技术在结构变形检测、不安全行为识别等方面发挥了巨大作用。

▶ 1.6.5　智慧运维概述

智慧运维主要是从智慧家居到智慧物业的智能化升级。

（1）智慧家居

智慧家居系统是随着科技的进步，为了适应现代家庭生活而产生的家庭集成网络。智慧家居的最终目标是解决"人"的需求，在全屋智能阶段，将所有与信息相关的通信设备、智能电器、家庭保安装置等联合成为统一的整体，集中地监视、控制、管理家庭事务。智慧家居主要应用场景包括智能电器、智能用水、智能安防等。

（2）智慧物业

智慧物业是指利用大数据、物联网等先进信息技术手段，通过统一的大数据云平台将物业的各个单位紧密连接起来，实现物业单位数据的融合，并且对融合数据进行深度的分析和挖掘，建立起高效的联动机制，从而有效、快速地解决物业管理中方方面面的问题。智慧物业主要应用场景包括安防管理、能耗管理、应急疏散管理、建筑维护管理等。如BIM 和物联网技术集成，可在灾害发生时检测受困者的位置，计算最短疏散路径，实现应急管理。

思考题

1. 智慧建造出现的背景有哪些？它们存在什么关系？
2. 简述建筑业发展从工业化到信息化、再到智慧化的内在逻辑。
3. 用自己的话阐释发展智慧建造的积极作用或重大意义。
4. 比较各国智慧建造的发展进程，并探索其发展规律和特点。
5. 说明各国推动智慧建造的相关政策的侧重点分别是什么。
6. 建筑工业化与建筑信息化分别是什么？简述它们之间的区别与联系。
7. 智慧建造的定义是什么？
8. 智慧建造的特征是什么？
9. 如何理解智能建造和智慧建造？
10. 简述智慧建造的逻辑。

第 **2** 章
前沿信息技术在智慧建造中的融合应用

新一代信息技术作为先进的生产方式，正在深刻地影响和改变着传统行业，带动着各个领域走向变革，迎来了新的机遇与发展。大数据、区块链、虚拟现实、增强现实、物联网等技术，使得万物互联、数据驱动成为可能，催生出协同办公、智能决策等新型生产场景，同时也反向促进了技术本身的迭代与进步。在信息化技术促进产业变革的工业 4.0 时代，各项前沿信息技术已经深刻融入每个行业、每个企业，甚至每个人。罗兰·贝格分析了时下 150 个新兴科技，总结出最能引导行业变革的八大技术，分别是物联网、人工智能、虚拟现实、增强现实、机器人技术、3D 打印、无人机技术和区块链等。这些技术对传统建造各个阶段的技术迭代，就是智慧化的实现。

本章就主要的几个关键信息技术进行阐述，明确技术边界，涵盖金融、医疗、交通等多个领域的应用场景，并从一般行业的普适性思考前沿信息技术在建筑领域的适用性。

2.1　大数据与工程大数据

▶　2.1.1　大数据

1）大数据的概念

"大数据"这一术语最早可追溯到 apache org 的开源项目 Nutch，其用来表达批量处理或分析网络搜索索引产生的大量数据集。自 2008 年起，*Nature* 和 *Science* 等国际杂志相继出版了 "*Big Data*" 和 "*Dealing with Data*" 专刊，讨论大数据的重要影响和挑战。随着大数据的流行，大数据的定义呈现多样化趋势。2011 年，麦肯锡

大数据

（McKinsey）咨询公司将大数据定义为"无法用传统数据库软件工具捕获、存储、管理和分析数据能力的数据集"。同年，作为大数据研究先驱的国际数据中心（International Data Center，IDC）在其报告中指出，"大数据技术可用于从大规模多样化的数据中通过高速捕获、发现和分析技术提取数据的价值"。美国国家标准与技术研究院（National Institute of Standards and Technology，NIST）则认为"大数据是指数据的容量、数据的获取速度或者数据的表示限制了使用传统关系方法对数据的分析处理能力，需要使用水平扩展的机制以提高处理效率"。Gartner公司认为大数据是需要新型处理方式的高容量、高生成速率、种类繁多的信息资产。从大数据的主流定义可以看出，大数据技术的标准随着时间推移和技术进步不断地发生着变化，高增长的数据规模和需要新处理模式是其两个关键特征。

2）大数据的特点

Gartner分析员道格·莱尼在2001年指出，数据增长有4个方向的挑战和机遇，即数量（Volume）、多样性（Variety）、速度（Velocity）和价值（Value）。在莱尼的理论基础上，国际商业机器公司（International Business Machines Corporation，IBM）也提出了大数据的4V特征，如下所述。

（1）数据体量大（Volume）

数据体量大是指大数据巨大的数据量与数据完整性，数量的单位从TB级别跃升为PB级别甚至ZB级别。随着新一代信息技术的发展及各类设备的使用，人和物的所有轨迹都可以被记录，机器—机器（M2M）方式的出现，使得交流的数据量成倍增长。

（2）数据种类多（Variety）

伴随着传感器以及智能设备、社交网络等的飞速发展，数据类型也变得更加复杂，不仅包括传统的关系数据类型，也包括以网页、视频、音频、e-mail、文档等形式存在的原始、半结构化和非结构化的数据。

（3）处理速度快（Velocity）

处理速度快通常理解为数据的获取、存储以及挖掘有效信息的速度快。现在有些数据是爆发式产生，且数据是快速动态变化的，难以用传统的系统去处理。因此，大数据也有批处理和流处理两种范式，以实现快速的数据处理。

（4）价值密度低（Value）

在数据量呈指数增长的同时，隐藏在海量数据中的有用信息却没有相应比例地增长，反而使人们获取有用信息的难度加大。以视频为例，在连续的监控过程中，有用的数据可能仅有一两秒。

3）大数据在其他行业的应用

大数据改变了互联网的数据应用模式，为各行业的发展带来新机遇。目前，大数据应用已经融入各行各业，如电子商业领域、金融领域、医疗卫生领域、交通领域等，大数据产业正快速发展成为新一代信息技术和服务业态。

（1）大数据在电子商业领域的应用

在电子商业领域，通过数据挖掘和数据分析，总结规律并预测未来趋势，电子商业企业可以制定推动企业发展的全局性、系统性决策，寻找最佳的电子商务解决方案。沃尔玛基于对消费者购物行为这种非结构化数据进行分析，掌握顾客购物习惯，通过销售数据分析为顾客推荐相关产品，创造了"啤酒与尿布"的经典商业案例。"淘宝数据魔方"是淘宝平台在大数据应用的典型案例，淘宝通过"淘宝数据魔方"可以收集分析买家的购物行为，宏观地了解市场情况，找出问题的先兆。在 2016 年 12 月 12 日的电商促销期，淘宝推出了"时光机"，基于对淘宝注册用户的购买商品记录、浏览点击次数、收货地址等网购数据进行分析处理，刻画出了每位用户的网购日志。

（2）大数据在金融领域的应用

金融领域，大数据在银行、证券和保险业务中得到了广泛应用，基于大数据进行对客户行为、客户满意度和投资者情绪的分析，能够调整金融企业的营销策略，开展金融欺诈行为检测和风险管理。华尔街德温特资本市场公司基于全球 3.4 亿微博账户的留言分析民众情绪，以此判断人们对公司股票的买入或卖出，为该公司在 2012 年第一季度创造了 7% 的收益率。美国三大征信所之一的 Equifax 公司，存储了包括全球 5 亿个消费者和 8 100 万家企业在内的财务数据，如贷款申请、租赁、房地产、纳税申报、报纸与杂志订阅等，通过对数据的交叉分享和索引处理，可得出消费者的个人信用评分，判断客户支付意向与支付能力。阿里巴巴的信用贷款通过企业交易数据来进行自动分析，然后再发放贷款，截至2018 年，阿里巴巴已借出的贷款中仅有 0.3% 不良贷款，远低于其他商业银行。

（3）大数据在医疗卫生领域的应用

大数据还能促进医疗卫生行业优化，利用大数据技术，可对各个层次的医疗信息和数据进行有效存储、处理、查询和分析，能够改善医疗服务，降低患者支出。2007 年，为管理个人健康信息和家庭医疗设备，微软发布的 HealthVault，用户可以输入和上传健康信息，通过第三方机构导入个人医疗记录。为了实现医院之间对病患信息的共享，2010 年，我国公布的"十二五"规划中指出要重点建设国家级、省级和地市级三级卫生信息平台，建设电子档案和电子病历两个基础数据库等。为预测代谢综合患者以帮助其复苏，安泰人寿保险公司在 102 位患者的一系列检测结果中扫描 600 000 个化验结果和 180 000 个索赔，得出了一个应对危险因素的个性化治疗方案和应对大多数此类患者的方案。美国的西奈山医疗中心使用 Ayasdi 技术分析大肠杆菌的上百万 DNA 基因序列，从而成为研究细菌耐药菌株的医疗大数据公司。

（4）大数据在交通领域的应用

利用大数据海量、多样性的基本特点，通过对交通大数据的收集、挖掘、分析，对交通状况等进行实时监控和预测，可以缓解道路堵塞、解决停车困难、提升交通系统的安全水平、提高交通运营效率和道路通行能力，有效驱动交通行业的发展。

"车来了"软件是在公交车上安装 GPS 定位系统进行实时的位置和时间数据采集，再利用大数据技术进行分析处理，结合车次时刻表即可预测出每一辆公交车的到站时间。通过开源平台 Github、Open Trip Planner 和 MTA 获取的数据，WNYC 开发的 Transit Time NYC 将纽约市划分成 2 930 个六边形，分析得出每个六边形重点的边缘时间，最终建模出 4 290 985 条虚拟线路，用户通过输入地址便可获取到达时间。INRIX-Traffic 通过实时采集用户的行驶数据，通过大数据汇总分析，可计算出最佳线路，让用户避免交通堵塞。武汉将全市停车场数据进行汇总、分析及资源共享。目前，武汉交警已完成约 1 900 家停车场的调研，系统注册停车场 594 家，上线 473 家，可实现对 17 万个车位的实时管控。

► 2.1.2 工程大数据及应用

工程大数据是指在建设工程项目全生命周期产生的所有数据汇聚而成的数据集，这些数据通过采集、存储、分析、展示，能够从中汲取知识、预测未来、风险管理，辅助项目进行系统性决策，以促成项目。IBM 提出了大数据的 4V 特征，同样的工程大数据也具备 4 个特点，具体如下所述。

1）工程大数据的特征

工程大数据具有数据体量大、数据类型多、数据管理困难和数据价值大等特征。

（1）数据体量大

随着项目的开展，工程数据体量将不断增加，普通单体建筑所产生的文档数量可达到 10^4 数量级。

（2）数据类型多

同其他大数据一样，工程大数据包括各种结构化数据、半结构化数据、非结构化数据，如成本、建筑尺寸、施工日志、各类音频图片等。

（3）数据管理困难

工程项目具有一次性、不确定性等特点，这使得工程数据的收集、管理、共享等具备一定的困难。

（4）数据价值大

与传统大数据较低的价值密度相比，工程大数据能够通过规模效应，将低价值密度的数据整合为高价值密度的信息资产。

2）工程大数据的应用价值

我国在建筑工程施工建设中运用大数据技术，可以为海量工程数据分析和处理提供便利，同时也有效规避了工程建设中各环节容易出现的弊端。在工程建设招标投标上，容易出现定价机制市场化不足、评标履约能力不足的问题，该技术为项目招投标活动合理开展提供了保障。在建筑工程施工过程中，既可对工程数据进行统计、处理和评估，也可为建筑工程开展提供决策依据，从而推进项目质量、安全、环境等管理的信息化。

（1）基于大数据的工程招投标

目前，在我国招投标过程中仍存在诸如串通投标、虚假招标等问题。而通过对工程大数据的收集、存储、分析后，既能快速核实招投标中各方信息，预测招投标相关情况，还能为交易决策提供强有力的数据支撑。此外，基于工程大数据，还能统计行业内的信用信息，建立招投标市场主体履约信息系统，促进工程招投标过程的公平、公正、公开。

自 2015 年起，贵州省公共资源交易中心将大数据应用于工程招投标管理。贵州省发布了全省统一建设工程招投标流程、工程招标电子化交易操作细则以及一系列数据交换标准，促进全省的数据互联互通、交互共享。此外，贵州省还以全省统一的公共资源电子交易流程为基础，搭建"云上贵州"大数据平台，实现企业注册信息共享、数字证书全省通用，目前全省已有 61 218 个数字证书在交易平台互联互通。2015 年，贵州省交易中心开发建设了交易数据分析系统，通过工程招投标数据分析，一年内共发现各类交易违规问题 15 起，提出工作建议 8 条。

2020 年 5 月，湖南省对工程建设招投标开展大数据分析，通过对全省 2017 至 2019 年 20 000 多个招投标项目的招标人、投标人、专家评委等数据的采集、深度分析，新建了 30 多个大数据分析模型，重点查找"标王"、陪标专业户等问题线索。截至 2020 年 9 月，通过工程招投标大数据分析，湖南省发现了 25 家中标次数过高的知名建筑企业，并组织开展了约谈、自查自纠。此外，通过此次大数据比对，还查处了 32 起串通投标问题。

沈阳市通过采集 2013 年以来全市所有人防工程的项目审批信息和招投标信息等，建立工程数据库，运用不同的分析算法，发现全市有 68 个项目存在少批应建人防工程情况；运用行权痕迹分析法建立比对模型，发现多起围标串标问题。

（2）基于工程大数据的施工管理

在安全管理方面，工程项目具有一定复杂性，传统施工项目难以对人、材、机等进行有效控制和管理，规避安全隐患。而通过工程大数据的采集、存储、分析等环节实现其有效利用，并对工程项目安全进行风险预测。从 2015 年起，丁烈云院士的数字建造与工程安全团队通过自主研发的地铁施工安全风险控制系统，采集了 300 余个地铁工程的 CAD 图纸及 BIM 模型、施工日志、环境监测数据、进度跟踪照片、隐患排查照片和相关监控视频等。该团队基于每年收集的超过 1 500 TB 非结构化数据，超过 50 万条的结构化数据，开展施工现场安全巡视、监测数据采集与分析、专家诊断及预警等服务。此外，基于采集到的工程数据，还可以对结构主体、机械设备、人员的安全行为等进行实时监测。

在进度管理方面，现阶段的施工进度计划管理难以离开现有的软件以及部分进度管理系统，基于现有软件、系统收集的进度数据，并对其进行汇集、分析，可得出影响进度的因素及工期履约情况。如珠江三角洲水资源配置工程融合进度计划、进度监控、作业状态等信息，运用工程进度大数据可进行评价和预测模型，识别进度滞后的标段或工区，辅助管理人员及时掌握进度态势，提前发现和处理工程进度风险，进而实现工程进度的有效管控。

在质量管理方面，依靠对工程大数据分析，施工单位能够全面掌握混凝土抗压强度、钢筋的焊接等数据，从而有效预判、管理和解决施工质量问题。美国马里兰大学、北卡罗来纳州立大学和 AECOM 联合研发了桥梁综合健康监测系统，用于收集桥梁影像视频数据、桥梁结构监测数据、桥梁交通通行数据和桥梁设计建造数据等 4 类数据，实现了马里兰州 317 座桥梁的远程、实时监控，对于桥梁性能退化、安全问题进行早期诊断和预警服务。

在环境管理方面，施工单位已陆续建立相关管理平台，对相关数据进行采集、存储、管理。如施工单位可利用建筑废弃物监管系统，实现对现场废弃物的计量、运输、处理等环节的信息化管理，政府则能宏观地了解项目废弃物的总体排放、回收情况。自 2006 年起，中国香港政府实施建筑废弃物处置收费计划，用于监督施工和拆除过程中产生的建筑废弃物，并推动资源回收和重复利用。该计划规定施工单位对日期、废物清运车辆、进出场质量等废物倾倒信息进行记录，基于这些信息进行分析、处理、建模，可对废物阶段清运量、车辆需求等进行预测，提升废物处理效率。

2.2　物联网与工程物联网

▶　2.2.1　物联网

1）物联网的定义

目前关于物联网（Internet of Things，IOT）的定义还没有一个统一的标准，但就物联网本质而言，物联网既是新一代信息技术的高度集成与综合应用，也是"信息化"时代的重要发展阶段，最初是指利用感知设备、网络技术等实现物与物之间的相互连接。但随着信息技术的飞速发展，物联网的定义也随之不断地发生变化。

国际电信联盟（International Telecommunication Union，ITU）于 2005 年发布的《ITU 互联网报告 2005：物联网》指出，物联网是指通过传感手段和一些相关设备对任何物品或物体进行感知，并按照约定的协议，实现与互联网的有效连接，进行信息交换和通信，以便完成对物体智能化识别、定位、跟踪、监控和管理的一种新型网络。2009 年 9 月，欧盟也提出了物联网的定义，即基于标准和交互通信协议具有自配置能力的动态全球网络设施，在物联网和虚拟的"物件"具有身份、物理属性、拟人化、使用智能接口等特征，并能无缝综合到信息网络中。工信部于 2011 年 5 月在《物联网白皮书》中提出，物联网是指通过依托网络进行计算、处理、传输、互联，实现人物、物物信息交互和无缝连接，来利用感知技术、拓展、网络延伸，智能装置感知识别通信网和互联网，并且依次实现对物理世界的精确管理、实时控制、科学决策，总体上包括感知层、网络层和应用层 3 个大层次。

因此，物联网是指通过识别技术、传感器技术、智能通信技术等信息技术，实时采集任何需要监控、连接、互动的物体或过程，采集其物理、化学、生物、位置等各种需要的信息，与互联网结合形成一个巨大网络，以实现物物、物人、人人等所有物品与网络的连接，进行信息交换、通信和智能处理。

2）物联网的起源

物联网的说法最早可追溯到 1995 年比尔·盖茨撰写的《未来之路》一书中，但受限于当时感知设备、智能设施以及网络技术的发展，使其未能得到广泛认可。美国麻省理工学院（Massachusetts Institute of Technology，MIT）继 1998 年提出了当时被称作产品电子代码（Electronic Product Code，EPC）系统的"物联网"构想后，在 1999 年美国召开的移动计算机和国际网络会议上，首先提出了物联网的概念，即依托射频识别（RFID）技术、电子代码等技术，并借助于互联网，构造了一个实现全球物品信息实时共享的实物互联网"Internet of Things"。

2003 年美国《技术评论》提出传感网络技术将是未来改变人们生活的十大技术之首。2005 年 11 月 17 日，在突尼斯举行的信息社会世界峰会（World Summit on the Information Society，WSIS）上，国际电信联盟发布了《ITU 互联网报告 2005：物联网》，引用了"物联网"的概念。报告指出，无所不在的"物联网"通信时代即将来临，依托 RFID、传感器等技术获取世界上任何物体信息，并利用互联网进行主动交换。

2008 年年底，国际商业机器公司在向美国政府提出的"智慧地球"战略中强调，利用物联网技术实现智慧型基础设施的建设，使得地球所有的物体"充满智慧"。欧盟分别于 2009 年 6 月和 9 月发布了《欧盟物联网行动计划》《欧盟物联网战略研究路线图》，旨在构建新型物联网框架来引导世界物联网的发展。

我国于 2010 年正式将物联网列为国家五大新兴战略性产业之一，并写入《政府工作报告》。之后为更好地推进物联网产业体系的发展，《物联网"十二五"发展规划》《关于推进物联网有序健康发展的指导意见》《关于物联网发展的十个专项行动计划》及《中国制造 2025》等多项政策不断出台，《关于推进物联网有序健康发展的指导意见》指出"掌握物联网关键核心技术，基本形成安全可控、具有国际竞争力的物联网产业体系，成为推动经济社会智能化和可持续发展的重要力量"。

3）物联网的网络技术架构

物联网通过传感器、电子代码、摄像头等设备对现实世界进行感知，并通过以互联网为核心的各种通信技术，对感知信息及控制信息等实现可靠传输，最后以大数据、云计算、人工智能等各种数据处理技术实现智能应用。因此，物联网的网络技术架构主要分为 3 个层次，即感知层、网络层和应用层，详见图 2.1。

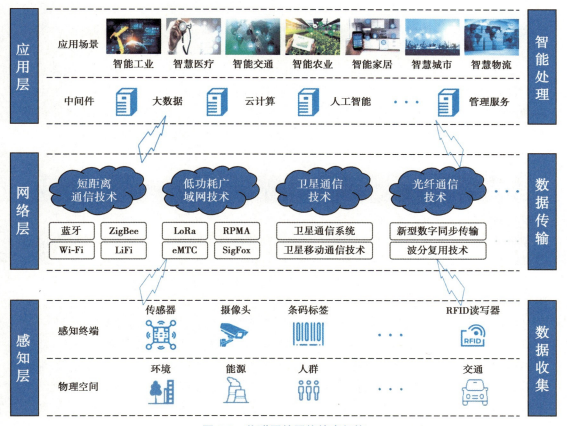

图 2.1　物联网的网络技术架构

（1）感知层

物联网要实现任何物体间的通信，离不开对"物"的感知。感知层作为物联网的感觉器官，用来识别物体、采集信息，主要由各种传感器以及传感器网关构成，包括传感器（如温度、湿度、光照强度、二氧化碳浓度等传感器）、二维码标签、RFID标签和读写器、摄像头、全球定位系统（Global Positioning System，GPS）等感知终端。感知层是物联网发展和应用的基础，关键技术包括自动识别技术、传感器技术、嵌入式计算技术和无线通信技术等。其中，自动识别技术就是通过被识别物品和识别装置间的活动，自动获取识别物品的信息，并由后台计算机处理系统进行相应的转化；而传感器作为信息源，将物理世界中的物理量、化学量、生物量转化成可供处理的数字信号。通过嵌入式系统对信息进行处理，同时借助随机自组织无线通信网络，以多跳中继的方式将所感知的信息传递到接入的基站节点和网关。

（2）网络层

物联网的网络层是建立在现有的网络和互联网基础上，相当于人体的神经中枢，主要承担着对感知层获取的相关信息进行传递和处理功能。网络层根据感知层的业务特征，优化网络特性，实现感知层与应用层之间的互联互通，促进物与物、物与人、人与人之间的信息交流。网络层综合了各种通信技术（包括短距离无线通信技术、低功耗广域网技术、卫星通信技术、光纤通信技术等），以实现感知数据上传。无线通信是实现万物互联的基础，而多种通信技术并存与互补的趋势将更好地提升信息交互的效率。短距离无线通信技术是指利用各种无线传输技术（如蓝牙、ZigBee、Wi-Fi、LiFi等）在较小的范围内实现无线通信；为了满足远距离物联网设备的需求，低功耗广域网技术应运而生，主要由LoRa、Siafox、RPMA等非授权频谱的专利技术和NB-IoT、EC-GSM、eMTC等授权频谱的蜂窝技术构成，具有低宽带、低功耗、远距离及大容量等特点；卫星通信技术是以卫星作为中继站转发微波信号，实现多个地面站之间的通信，具有覆盖面广、通信容量大、传输质量好等特点；光纤通信技术就是运用光导纤维作为传输信号，以实现信息传递的通信方式，不仅有较大的信息容量，其在抗干扰能力、安全性能以及传输距离等方面均有较大的优势。

（3）应用层

应用是物联网发展的驱动力和目的。物联网的应用层是利用大数据、云计算、人工智能等技术对感知数据进行处理和分析，做出正确的决策和控制，以实现智能化服务。物联网的应用可分为监控型（例如物流监控、人脸识别和环境感知等）、查询型（例如智能监控、远程查表等）、控制型（例如智能交通、路灯控制和智能家居等）、扫描型（例如门禁系统、高速公路不停车收费等）等。为了更好地实现物联网的应用，智能化信息技术发挥着重要作用。如随着社交网络、物联网等的飞速发展，大量非结构化数据呈指数级增长，大数据技术可以用来表达批量处理或分析网络搜索索引产生的大量数据集；云计算作为下一代计算模式，以公开的标准和服务为基础，把互联网作为传输途径，提供安全、便捷、快速的数据储存和网络计算，在科学和商业等计算领域发挥着重要的作用；人工智能技术是在通信技术研究基础上的重要的新兴技术类型，能较大程度地实现物联网工作中内在驱动力的优化，切实改进当前物联网运用在网络应用、计算以及信息储存等方面的缺陷，提高其灵活性和运维性。

► 2.2.2 工业物联网及其应用

工业物联网（Industrial Internet of Things，IIOT）概念最早是由美国通用电气公司（General Electric Company，GE）于 2013 年 6 月在北京举办的主题为"当智慧遇上机器"的领袖论坛上提出的，是指将具有感知、监控能力的各类采集、控制传感器或控制器，以及移动通信、智能分析等技术不断融入工业生产过程各个环节，从而大幅提高制造效率，改善产品质量，降低产品成本和资源消耗，最终实现将传统工业提升到智能化的新阶段。2013 年以来，随着传感技术、云计算技术、异构网融合技术等关键技术的不断成熟，物联网从以往的孤立、碎片化阶段步入了跨行业整合、大规模发展创新的实质阶段，从而促使物联网技术被应用于各行各业中。

（1）工业物联网在交通领域的应用

交通领域被认为是物联网所有应用场景中较有前景的应用之一。随着城市化的发展，交通拥堵、交通事故和环境污染等问题越发严重。而物联网技术的出现，为有效解决交通问题提供了思路。例如，驾驶人利用物联网技术可以实时获取周围路况和停车场车位信息，从而引导车辆实时优化行程，有效缓解了交通压力。高速路口设置道路电子不停车收费系统（Electronic Toll Collection，ETC）就是以摄像头识别车辆信息，根据行驶里程计费，实现无感收费，从而提升车辆的通行效率。智能公交通过 RFID、传感等技术，实时发布公交车的位置及到站时间，乘客可以根据搭乘路线确定出行，免去不必要的时间浪费。交通管理部门可以通过物联网技术实时获取车辆行程和违法信息，进一步提高交通违法行为判定的精度和准确度。此外，社会车辆逐渐增多，在增加交通压力的同时，停车难也日益成为一个突出问题。不少城市基于云计算平台，并结合物联网技术与移动支付技术，推出了智慧路边停车管理系统，以实现共享车位资源，提高车位利用率和用户的方便程度。另外，该系统可以兼容手机模式和射频识别模式，用户通过手机端 App 软件就能实时了解车位信息、车位位置等信息，提前做好预定并实现交费等操作，有效解决了"停车难、难停车"的问题。

（2）工业物联网在物流领域的应用

在供给侧结构性改革背景下，传统物流业发展方式难以为继，随着物联网技术的出现，促使传统物流业向智慧物流转型升级。智慧物流是指利用物联网技术实现货物在供需双方面之间的智能转移，包括实现运输、仓储、配送、包装、装卸、信息服务等全过程的系统感知、全面分析、及时处理等功能，在满足供方利益最大化的同时，为需求方提供最佳服务。2010 年，我国首个物联网物流应用平台在江苏启动，该平台创新运用"三网融合"技术形成互联互通、高速安全的信息网络，应用 RFID 系统、GPS、GIS、无线视频及多种物流技术，帮助企业构架数字化、网络化、可视化和智能管理系统，从而形成各级"物流公共信息平台"为信息结点的物联网络，包含了车货仓三方对接、危化品全方位监督等九大物联网示范工程，每个示范工程可为应用方提供融合通讯、加油、保险等综合一体化服务，将使整体物流行业"感知"范围进一步拉大，实现多方共赢。2011 年 1 月，Omnitrol Networks 公司与全球领先的英国电信全球服务部合作，共同部署基于 RFID 的资产追踪与追溯解决方案，以用于追踪库存实际移动情况以及发出实时补货提醒，实现实时库存管理与追溯，从而提高供应链智能化水平。

（3）工业物联网在农业领域的应用

农业作为我国第一产业，在新农村建设中占据着重要的地位。随着节能减排理念的提出，当前农业生产中也要求能够实现精耕细作，实现机械化生产，由此提高农业生产的产量和质量。而物联网技术在农业生产中的应用，促使其正朝着自动化、规模化和机械化的方向发展。农业物联网作为物联网技术在农业生产中的应用形式，是指通过对农业生产全过程的信息感知、精准管理和智能控制，实现农业实时检测、远程控制、灾害预警和安全追溯等功能。物联网技术在农业生产中具有较为广泛的应用，并且能够对农作物的质量和产量带来积极意义。农业物联网运用到温室农业生产中，使其变得简单化、规范化，做到对农业生产全过程的可视化、可控化，通过各类传感器（如温度、湿度、pH 值、二氧化碳浓度等无线传感器）、RFID 以及视频监控等方式，采集农业生产的各种现场信息，并利用智能化操作终端实现农业生产的智能化管理、最优化控制等。除此之外，农业物联网也可以实现农产品的安全追溯，利用条码技术、RFID 技术等对农产品的生产、加工、运输、贮存、销售等整个供应链的全过程进行跟踪、监测及识别，形成"生产有记录、流向可追踪、信息可查询、质量可追溯"的农产品质量监督管理新模式。2004 年日本基于 RFID 技术构建了农产品追溯实验系统，其借助 RFID 标签，实现农产品的流通管理和个体识别。

（4）工业物联网在工业生产领域的应用

工业生产是我国现代化城市建设的重要物质保障，但工业生产中存在的生产力不高等问题也成为制约城市发展的核心问题。将工业物联网技术应用于生产线过程监测、实时参数采集、生产设备与产品监控管理、材料消耗监测等方面，通过对数据的分析处理可以实现智能监控、智能控制、智能诊断、智能决策、智能维护等功能，有利于提高工业生产数字化和智能化水平。微电子企业 FMCS 项目通过能源管理系统，监控所有管路中流量计的流量，各类电表电能的采集，设监控站对各类能源进行监控分析统计，建立全厂能源计量网络图，实现对主要生产过程参数、水、电、煤、蒸汽等相关数据的监测和分析，以实现数据采集、处理分析、实时监控、指标管理、班组考核、自定义报表服务和能效管理等。日本电气股份有限公司（NEC）在日本甲府营业点所在的服务器制造工厂采用了数据平台技术，利用客户提供的数据进行订制生产。

▶ **2.2.3　工程物联网及其应用**

随着智能化时代的到来，智慧建筑、智慧社区、智慧城市、智慧地球不断推进，物联网正在建筑业兴起，从而使得工程物联网（Engineering Internet of Things，EIoT）应运而生。工程物联网作为物联网技术在工程建筑领域的物联化体现，遵照智慧城市、智慧建筑的顶层构筑方案，以人类的美好生活愿景为目标，通过感知设备（如可穿戴设备、RFID 电子标签阅读器、传感器、全球定位系统等）、通信技术（如短距离无线通信技术、卫星通信技术、光纤通信技术等）的精准感知和实时传递，实现建筑物内外的设备、构件、环境、空间以及人员之间的信息交互，并构建物联

工程物联网

网能力平台，支撑项目管理者对项目信息进行实时分析与处理，促进项目智慧化识别、定位、跟踪、监控与管理。

物联网技术在建设项目中的应用具有以下特征：一是感知层，利用摄像头、RFID、传感器和二维码等实时获取建筑物相关信息；二是传输层，互联网与通信网络有利于信息实时传递与共享；第三是应用层，云计算与模糊识别等智能技术能够实现大量信息的准确分析与处理，进而做出决策与控制。

（1）基于工程物联网的人员管理

施工人员的安全和健康在建筑业中至关重要，在建筑施工现场中，施工人员安全管理的核心就是实时有效地保证施工作业人员的安全，而现行传统的施工人员安全管理系统存在诸多问题。因此，将物联网应用于建筑领域，以达到实时、高效地监测施工现场每一位施工人员，排除潜在安全隐患，减少施工人员安全事故的发生，进一步提高施工现场的安全性。

通过可穿戴设备的佩戴，既可帮助管理人员获取施工人员的位置和人数，提示危险区域，及时发现施工人员跌倒现象；还可以帮助掌握施工人员的疲劳程度，测试施工现场的扬尘等级，从而确定合理的施工人员工作时长，保证施工人员的健康。另外，借助物联网设备和网络，进行人员定位跟踪，可以在移动设备上访问人员的信息，自动化跟踪大量的人员数据，帮助管理人员实时了解人员工作状态。此外，还可以借助面部识别、射频识别标签监测任何未许可人员或入侵者进入禁区，确保建筑工地和资产的安全。

（2）基于工程物联网的物料管理

在建筑工程施工成本中，建筑材料成本所占比重最大，故建筑施工项目物料管理的成效和效率在施工项目资源管理中占有重要地位，是降低工程造价、减少工程浪费、节能减排实现的重要途径。因此，将物联网技术应用于物料管理中，从而实现对物料管理的实时化、可视化、透明化、智能化监管，使材料使用者适时、适量、适质、适地地使用合同范围所有质量合格的材料。首先对重要的建筑材料在生产过程中植入 RFID 芯片或贴身电子标签，然后在材料运输、进场、出入库、盘点、领料等施工过程中，采用 RFID 电子标签阅读器进行信息的快速读取，通过物料网进行跟踪和监控，方便物流、仓库管理。

（3）基于工程物联网的设备管理

对机械设备的有效管理和使用，不仅可以达到事半功倍的效果，提高工作效率，而且能为现场施工人员创造安全的工作环境。因此，利用物联网技术对其运行状态进行实时监测，实现人和物之间的信息连接，建立两者的交流，提高管理的智能化水平。

物联网技术通过识别安装在设备中的 RFID 标签和读取传感器信息，获取设备相关信息，然后借助无线传输方式传送到信息处理中心，基于此，利用先进的数据融合技术，对采集到的数据信息进行分析和处理，以实现对工程机械设备的高效管理和监测。由于工程机械设备的工作环境一般比较恶劣，设备经过一定时间的使用后要进行维修和保养，严重时需要对其进行更换或者报废处理。因此，通过使用物联网技术对设备的运行情况和使用寿命进行统计，可以及时提醒工作人员设备剩余的使用年限，方便对工程机械设备进行相应的维修、保养或更换。物联网技术的应用极大地提高了工程机械设备使用时限报警的智能化程度，确保了工程项目建设的安全性，同时也避免了因设备管理不善导致的工程进度缓慢的问题。工程机械设备主要由多个零部件组成，受其工作环境的影响，零部件的使用寿命较短。然而，零部件一旦发生损坏，将给整个工程机械设备的运行带来巨大的损失，并影响工程项目建设的速度和效率。因此，通过在工程机械设备中安装多种类型的传感器，监测设备中关键零部件的参数，并对运行参数进行判断，确保其能够安全稳定运行。利用传感器技术和数据分析技术，能够在机械设备发生故障之前检测出其可能存在的隐患，便于及时排除故障，将损失降到最低。

（4）基于工程物联网的环境管理

工程建设在环境保护中扮演着十分重要的角色，无论是新建、扩建或改建的工程项目，都会对当地乃至全球环境带来一定的影响，如噪声污染、灰尘污染以及全球化的气候和生态系统的改变等。因此，利用物联网技术对建筑工程项目进行环境监测，能有效地降低对环境的污染。通过分布在建筑中的光照、温度、湿度、噪声等各类环境监测传感器，可以对代表环境污染和环境质量的各种环境要素（环境污染物）进行监视、监控和测定，使管理人员可以实时掌握建筑施工过程中的环境质量状况，从而采取相应措施，改善环境质量。

2.3　机器人与工程机器人

凯文·凯利根据人类和机器人的关系把工作分为四大类，以此帮助人们更好地了解机器人将怎样取代人类：人类能从事但机器人表现更佳的工作、人类不能从事但机器人能从事的工作、人类想要从事却还不知道是什么的工作、只有人类能从事的工作，4个阶段表示了机器人不断代替人的过程，在建筑领域中机器人也将实现这个过程，机器人在上述4个方面能够帮助技术人员进行工程量计算，实现危险高空作业、地勘检测，数据挖掘等工作，最终实现人与机器人共生。

▶ 2.3.1　机器人

1）机器人的定义

"机器人"一词最早出现在1920年捷克斯洛伐克剧作家Karel Capek出版的科幻情节剧《罗萨姆的万能机器人》中。机器人从幻想世界真正走向现实世界是从自动化生产和科学研究的发展需要出发的。1939年，纽约世博会上首次展出了由西屋电气公司制造的家用机器人Elektro，但它只是掌握了简单的语言，能行走、抽烟，并不能代替人类做家务。

机器人

根据《机器人分类》（GB／T 39405—2020），机器人被定义为具有两个或两个以上可编程的轴，以及一定程度的自主能力，可在其环境内运动以执行预定任务的执行机构。在《工业机器人力控制技术规范》（GB／T 38559—2020）中定义"工业机器人"为自动控制的、可重复编程、多用途的操作机，可对3个或3个以上轴进行编程，它可以是固定式或移动式。

机器人作为集机械、电子、控制、计算机、传感器、人工智能等多学科先进技术于一体的自动化装备，代表着未来智能装备产业的发展方向。机器人产业具有一般高新技术产业所表现的突出特征，即高投入、高风险、高回报、高技术、高难度、高潜能和知识新、技术新、工艺新、方法新、设备新、产品新等特点，机器人产业将成为国家最重要的经济增长点和最有活力的经济领域。

现代机器人的起源始于 20 世纪四五十年代，美国许多国家实验室进行了机器人方面的初步探索。第二次世界大战期间，在放射性材料的生产和处理过程中应用了一种简单的遥控操纵器，即使用机械抓手就能复现人手的动作位置和姿态，代替了操作人员的直接操作。在这之后，橡树岭和阿尔贡国家实验室开始研制遥控式机械手作为搬运放射性材料的工具。1948 年，主从式的遥控机械手正式诞生，开现代机器人制造之先河。美国麻省理工学院辐射实验室于 1953 年研制成功数控机床，把复杂伺服系统的技术与最新发展的数字计算机技术结合起来，切削模型以数字形式通过穿孔纸带输入机器，然后控制铣床的伺服轴按照模型的轨迹做切削动作。

20 世纪 50 年代以后，机器人进入了实用化阶段。1954 年，美国的乔治·德沃尔设计并制作了世界上第一台机器人实验装置，发表了《适用于重复作业的通用性工业机器人》一文，并获得了专利。乔治·德沃尔巧妙地把遥控操作器的关节型连杆机构与数控机床的伺服轴连接在一起，预定的机械手动作一经编程输入后，机械手就可以离开人的辅助而独立运行。这种机器人也可以接受示教而能完成各种简单任务。示教过程中操作者用手带动机械手依次通过工作任务的各个位置，这些位置序列记录在数字存储器内。在任务执行过程中，机器人的各个关节在伺服驱动下再现出那些位置序列。因此，这种机器人的主要技术功能就是"可编程"以及"示教再现"。

20 世纪 60 年代，机器人产品正式问世，机器人技术开始形成。第一个固定式工业机器人是可编程的 Unimate，一种电子控制的液压起重臂，可以重复任意运动序列。Unimate 是由美国的 Consolidated Control 公司根据 George C.Devol 的专利研制出的第一台机器人样机。同时，美国机床与铸造公司（AMF）设计制造了另一种可编程的机器人 Versatran。这两种型号的机器人以"示教再现"的方式在汽车生产线上成功地替代了工人进行传送、焊接、喷漆等作业，它们在工作中表现出来的经济效益、可靠性、灵活性，使其他发达工业国家为之羡慕。于是 Unimate 和 Versatran 作为商品开始在世界市场上销售，日本、西欧也纷纷从美国引进机器人技术。这一时期，可实用机械的机器人被称为工业机器人。在机器人崭露头角于工业生产的同时，机器人技术研究也在不断深入。1961 年，美国麻省理工学院 Lincoln 实验室把一个配有接触传感器的遥控操纵器的从动部分与一台计算机连接在一起，从而形成了机器人可以凭触觉决定物体的状态。随后，用电视摄像头作为输入的计算机图像处理、物体辨识的研究工作也陆续取得成果。1968 年，美国斯坦福人工智能实验室（SAIL）的 J.McCarthy 等人开始对带有手、眼、耳的计算机系统进行研究。

20 世纪 70 年代以来，机器人产业蓬勃兴起，机器人技术发展为专门的学科。1970 年，第一次国际工业机器人会议在美国举行。工业机器人各种卓有成效的实用范例促成了机器人应用领域的进一步扩展；同时，又由于不同应用场合的特点，导致了各种坐标系统、各种结构的机器人相继出现。而随后的大规模集成电路技术的飞跃发展及微型计算机的普遍应用，使得机器人的控制性能大幅度得到提高、成本不断降低。这种情况导致了数百种类的不同结构、不同控制方法、不同用途的机器人终于在 20 世纪 80 年代后真正进入了实用化的普及阶段。进入 80 年代后，随着计算机、传感器技术的发展，机器人技术已经具备了初步的感知、反馈能力，在工业生产中也开始逐步应用。工业机器人首先在汽车制造业的流水线生产中开始大规模应用，随后，诸如日本、德国、美国这样的制造业发达国家开始在其他工业生产中大量采用机器人作业。

20 世纪 80 年代后，机器人朝着越来越智能的方向发展，这种机器人带有多种传感器，能够将多种传感器得到的信息进行融合，能够有效地适应变化的环境，具有很强的自适应能力、学习能力和自治功能。智能机器人的发展主要经历了 3 个阶段，分别是可编程试教、再现型机器人，有感知能力和自适应能力的机器人和智能机器人。其中所涉及的关键技术有多传感器信息融合、导航与定位、路径规划、机器人视觉智能控制和人机接口技术等。进入 21 世纪，随着劳动力成本的不断提高、技术的不断进步，各国陆续进行了制造业的转型与升级，出现了机器人替代人的热潮。同时，人工智能发展日新月异，服务机器人也开始走进普通家庭。

经过几十年的发展，机器人技术终于形成了一门综合性学科——机器人学（robotics）。一般来说，机器人学的研究目标是以智能计算机为基础的机器人基本组织和操作，它包括基础研究和应用研究两个方面的内容，研究课题包括机械手设计、机器人动力和控制、轨迹设计与规划、传感器、机器人视觉、机器人控制语言、装置与系统结构和机械智能等。由于机器人学综合了力学、机械学、电子学、生物学、控制论、计算机、人工智能、系统工程等多种学科领域的知识，因此，也有人认为机器人学实际上是一个可分为若干学科的学科门类。

2）机器人的特点

（1）移动性

机器人能够适应环境的变化，不固定在一个具体的物理位置，在复杂的硬件和环境感应功能的结合下，利用编程语言在二者之间实现平衡，从而调整自身形态，能够在不受控制的环境中导航。例如，机器人在程序的指示下，通过变换正确的机械构造，以实现在泥泞道路上的自由移动。

（2）交互性

交互性即人与机器人之间使用某种对话语言，以一定的交互方式，完成确定任务的一种信息交换过程。在与新技术的融合下，机器人具有更高的触觉，更强的与物理环境的交互能力，与人类的紧密合作以及更加自给自足的能力。其中，人机交互是能够通过开发合适的算法并指导机器人设计，以使人与机器人之间更自然、高效地共处的机器人系统。

（3）自主性

所有机器人都包含一定级别的计算机编程代码，其是能够决定机器人何时或如何做某事的程序，无须人工干预即可长时间工作。机器人可以感知其环境，并在该环境内进行运动或操纵的决策。机器人程序分为 3 种类型：远程控制、人工智能和混合控制。

①远程控制。具有遥控功能的机器人编程具有一组预先存在的命令，只有当它从控制源（通常是带有遥控器的人）接收到信号时，才会执行该命令。

②人工智能。使用人工智能的机器人可以在没有控制源的情况下自行与环境交互，并可以依据预先存在的编程来确定对对象和遇到的问题的反应。

③混合控制是一种编程形式，结合了人工智能和远程遥控功能。

3）机器人的应用

机器人从 20 世纪开始发展以来，取得了长足的进步，在与其他新兴技术的融合下改变了人们进行生产、生活的方式，并在制造、医疗、家用、餐饮、农业等各个领域有着广泛的应用。

（1）机器人在制造领域的应用

长期以来，汽车工业一直以在生产过程中高效使用机械而著称，借助具有机器视觉的机器人可以实现更高水平的生产率和生产质量。福特公司在德国的工厂拥有 980 个机器人，每天生产约 1 600 辆汽车。机器人的应用包括点焊和弧焊、车身和内部组装以及喷漆和零件处理。随着复杂的机器视觉技术、激光和先进传感器的出现，更加高精度的组装和检查操作开始涌现。借助这一类技术，机器人视觉系统又可分为 2D 机器人视觉系统和 3D 机器人视觉系统，并集中于两个应用领域：质量验证和定位检测。质量验证包括检查油漆的光洁度，检测车身面板上的凹痕和其他缺陷，检查密封胶和粘胶珠在用于挡风玻璃上的情况，检查焊接和检查组装好的车身的面板间隙。定位检测应用更加非常广泛，包括喷漆、焊接、各种组装操作以及移动机架和托盘之间的零件。

（2）机器人在医疗领域的应用

作为治疗辅助工具，机器人可帮助中风或神经系统疾病患者进行康复训练，患有瘫痪的人能在穿戴式机器人即外骨骼的帮助下自行行走以学习走路甚至爬楼梯，穿戴式机器人即外骨骼能够辅助瘫痪患者进行自由行动。一个机器人可以完成两名治疗师的工作，在锻炼过程中，患者还会收到反馈以调整自身的训练计划。

在手术室中，机器人能够被作为微创手术的精确助手，外科医生不需要操纵剪刀或镊子之类的工具，而是借助操纵杆和脚踏板来控制机器人进行手术，使用操作机器人的程序可以节省时间，并且对患者的侵入性也较小，使发生人为错误的概率降到最低。

（3）机器人在家用领域的应用

家用机器人能够应用于一些日常家务，如割草，吸尘或窗户清洁。通过探测头、摄像机等设备，实现自动调节温度、湿度，监控家居安全使用情况等功能。根据德国联邦信息技术协会 Bitkom 的一项研究，参加调查的 1 000 多人中有 42% 期望在家即拥有机器人，超过 80% 的人希望获得真空清洁或地板清洗的帮助，有 41% 的人希望机器人在花园中提供帮助，15% 的受访者已经在家中安装了机器人。

（4）机器人在餐饮领域的应用

韩国电子集团（Lucky Goldstar，LG）在拉斯维加斯举行的 2018 年消费电子展上展示了其新的机器人产品系列 CLOi。CLOi 是一款专门针对酒店、机场和超市的商业用途开发的、以替代大部分服务人员工作的机器人。其中，服务机器人能为客户提供食物和饮料。它可以全天候工作（例如在机场、火车站和酒店中），并在托盘上提供餐点。在为客户提供服务后，机器人便会返回服务站以获取新的餐点并完成下一个任务。

（5）机器人在农业领域的应用

机器人在农业上的应用潜力巨大。目前，一些试点项目纷纷采用机器人进行作业，安装在收割机上的机械臂和多光谱摄像机能够优化黄瓜的收割过程。在播种方面，由平板电脑控制的小型种植机器人不仅能播种种子，还能记录所有关键重要信息。操作人员还能应用无人机监测蔬菜产品的成熟度和杂草的生长，并且在必要时可以对关键区域进行喷洒。

▶ 2.3.2 工程机器人及其应用

工程机器人是一种面向高危及特殊环境下依靠自身动力和控制能力来进行工程施工作业的遥操作多关节机械手或多自由度机器人。它既具有工程机械的大功率、多功能、适用范围广的优点，又具有机器人的灵活移动、环境感知、智能识别等各种功能。

工程机器人本质上就是对人类"体力"的替代，主要在非结构环境下工作，靠接受人类指挥或依据以人工智能技术制定的原则纲领行动。因此，工程机器人更强调感知、思维和复杂行动的能力，比一般意义上的工业机器人需要更大的灵活性和机动性，具有更强的感知能力、决策能力、反应能力以及行动能力。工程机器人从外观上也远远脱离了最初工业机器人所具有的形状。工程机器人融合了更多学科的知识，如机构学、控制工程、计算机科学、人工智能、微电子学、光学、传感技术、材料科学、仿生学等。

工程机器人按作业方式可以分为破拆机器人、搬运机器人、抓取装卸机器人、探测机器人等。根据应用领域可以分为农林业工程机器人、工业工程机器人、建筑工程机器人、矿业工程机器人、核工业工程机器人、抢险救援工程机器人、军事工程机器人等。

在建设工程项目中所用到的机器人都属于工程机器人，包括了预制建造机器人、现场建造机器人、运营维护机器人、破拆机器人。其中，预制建造机器人多在预制工厂中使用，其特征类似于工业机器人，技术相对成熟；而在施工现场阶段，其场景复杂、非结构化特征明显，对应的机器人类别具有特殊性，本书第5章将详细介绍与工程建造相关的机器人。

从机器人人工智能融合的替代形态演化和成熟度视角来看，其应用可分为下述3类。

（1）单项功能型机器人：机械手（臂）

机械手（臂）是指能模仿人手和臂的某些动作功能，用以按固定程序抓取、搬运物件或操作工具的自动操作装置。它可代替人的繁重劳动以实现生产的机械化和自动化，能在有害环境下操作以保护人身安全，因而广泛应用于机械制造、冶金、电子、轻工和原子能等部门。特斯拉公司在它的汽车生产线中用160个机械臂替代了3 000名工人的工作，机械臂能够独立地进行焊接、机械切割、磨削、抛光、装配等工艺，实现了高度的自动化。上海大界机器人公司研发的建筑行业使用的机械臂，融合了艺术、设计、计算机科学、人工智能与工业制造多项技术，通过智能化编程、数字化设计以及人机交互技术，实现了机械臂在木结构建造中对人力的替代。

（2）骨骼融合型机器人：可穿戴外骨骼机器人

外骨骼机器人是一类模仿人体生理构造、可穿戴于人体外部、提高人类一定生理机能和对人体产生一定防护的机械装置。由于其安装位置和产生的作用和生物界中的外骨骼很相似，故将其称为人类外骨骼。在建筑施工领域，外骨骼机器人尚未投入长期使用，仍处于概念提出和原型机开发阶段。典型系统有麻省理工学院的 d'Arbeloff 实验室开发的 SRA 和 SRL（Supernumerary Robotic Arms / Limbs）（图 2.2）。SRA 系统主体由两个六自由度机械臂和一套佩戴于工作人员腕部的传感器系统构成，通过采用背囊式结构能够辅助施工人员托举、稳定重物，以便在复杂环境下实施更为精准的安装作业。SRA 最为显著的特点在于能够识别工作人员行为意图，自主决定在何时、何地给予施工帮助，简化了工作人员的操作流程。SRL 系统能通过计算机、平板电脑等无线设备进行操作，主要用于高空作业时的人员及相关设备、设施的防护，能助力支持工作人员进行钻孔等作业并稳定其工作位姿。SRL 通过背带固定于工作人员腰部，主体包括两个三自由度机械臂，可实现上下、左右及前后运动。

建筑机器人

（a）SRA　　　　　　　　　　　（b）SRL

图 2.2　施工用外骨骼机器人

（图片来源：建筑机器人研究现状与展望）

（3）仿生群体机器人：类（仿）人机器人

类（仿）人机器人（Humanoid Robot）是一种外形拟人的机器人，"仿人"的意义在于机器人具有类人的感知、决策、行为和交互能力。即不仅具有类人的外形外观、类人的感觉系统、类人的智能思维方式、控制系统及决策能力，更重要的是其最终表现出来的"行为类人"。由中国香港的汉森机器人技术公司（Hanson Robotics）开发的类人机器人"索菲亚"，是历史上首个获得公民身份的一台机器人，她看起来就像人类女性，拥有橡胶皮肤，能够表现出超过 62 种面部表情她的"大脑"中的计算机算法能够识别面部，并与人进行眼神接触。

2.4　增材制造与建筑 3D 打印

▶　2.4.1　增材制造

1）增材制造的定义

增材制造（Additive Manufacturing，AM）俗称 3D 打印（Three-Dimensional Printing，3D

3D打印

Printing），曾被美国测试和材料协会（American Society of Testing and Measuring，ASTM）定义为"一种利用三维模型数据通过连接材料获得实体的工艺，通常为逐层叠加，是与传统的去材制造（Material Subtractive Manufacturing）方式截然不同的工艺"。作为"快速成型（Rapid Prototyping，RP）"技术的一种，增材制造技术以数字模型文件为基础，融合了计算机辅助设计、材料加工与成型技术，通过软件与数控系统将末状、丝化、液化等可粘合材料（包括专用的金属材料、非金属材料以及医用生物材料），按照挤压、烧结、熔融、光固化、喷射等方式逐层堆积，构造出三维实体物品，因而，其又被称为"具有工业革命意义的制造技术"。

2）增材制造的起源

增材制造技术可视为"19世纪的思想，20世纪的技术，21世纪的市场"。早在1892年，J.E.Blanther就提议利用分层制造的方法来构造地形图。1902年，Carlo Bases提出了利用光敏聚合物来制造塑料件。Perera在1940年提出了使用通过切割轮廓线的硬纸板粘结成三维地图的方法。

20世纪70年代末80年代初，增材制造的概念才被正式提出，相关专利和学术出版物不断涌现。1983年，Charles W.Hull发明了液态树脂光固化成型（Stereo Lithography Apparatus，SLA）技术，并在美国UVP（Ultra-Violet Products）公司的资助下，完成了第一套立体光固化快速成型制造装置的研发。1988年，3D Systems公司根据Charles W.Hull的专利生产并出售了第一台现代化立体光固化成型设备SLA-250，标志增材制造技术的商业化、工业化时代的正式到来。同年，Michael Feygin发明了分层实体制造（Laminated Object Manufacturing，LOM）成型技术。在此后的10年中，增材制造技术蓬勃发展，涌现出了大量的成型工艺和设备，包括1991年美国Stratasys公司提出的熔融沉积成型（Fused Deposition Modeling，FDM）、以色列Cubital公司的实体平面固化（Solid Ground Curing，SGC）以及1992年美国DTM公司研发的选区激光烧结（Selected Laser Sintering，SLS）等。随着时间的推移，新的增材制造技术层出不穷，已有技术也不断完善，截至1996年，全球已成立284个3D打印服务中心，且3D打印产业的市场价值不断提升。

总体而言，美国的增材制造技术在全球处于主导地位，欧洲、日本等国家也不断地进行相关技术和设备的研发。而我国的增材制造技术的起步并不晚，早在20世纪80年代末就已经进行了相关方面的研究，主要集中在清华大学、西安交通大学、华中科技大学和上海交通大学等几所高等院校。

3）3D打印的原理及特点

任何3D打印过程的起点都是3D数字模型，即可通过AutoCAD、SketchUp、Creo、SolidWorks、3DS Max等3D建模软件进行正向模型设计，或者借助访问程序、直接使用3D扫描仪进行扫描，逆向构建3D数据模型。3D打印技术将所建立的模型进行"切片"成层处理后，形成3D打印机可读的STL文件，同时修复缺失的模型数据。其根据设计和工艺进行分层处理和离散，得到各层截面的二维轮廓模型，进而实现可由3D打印机加工3D打印材料以形成实体模型。由于3D打印技术面向不同对象有不同的处理方式和使用材料，因而存在不同类型的3D打印机，但基本的打印原理都是"分层打印，逐层增加"。其中，常见的打印类型有 SLA（激光固化光敏树脂成型）、FDM（熔融挤压堆积成型）、3DP（三维喷涂黏结成型）以及 SLS（选择性激光烧结成型）等。

3D 打印的基本原理是基于离散—堆积成型，与传统的"减材制造"不同，是一种不需要刀具、夹具和机床就可以制造出任何形状产品的制造技术。它利用产品的三维模型数据，通过软件分层离散和数控成型系统，采用逐层制造的方式对专用的金属材料、非金属材料以及医用生物材料进行堆积粘结，形成实体模型。因此，3D 打印技术具有下述特点。

（1）快速性

与传统制造方式相比，3D 打印通过 STL 文件实现与 3D 数字模型的无缝连接，然后由 3D 打印机加工 3D 打印材料完成原型制作，不仅具有制造工艺流程短、全自动等特点，而且可以使得产品按需就近生产，实现零时间交付，进而促进制造过程向快速化、高效化迈进。

（2）高度集成化

在成型工艺中，3D 打印技术首先借助 CAD 等软件进行产品数字化建模，然后通过"切片"成层处理将模型转化为可以直接驱动 3D 打印机的数控指令，最后根据数控指令完成相应零部件的制造，实现设计和制造过程一体化。

（3）与工件复杂程度无关

3D 打印是基于三维模型数据，采用逐层制造的方式来构造三维实体。因此在制造过程中无须模具，任何高性能难成型的产品均可通过"打印"的方式一次性直接成型，不需要组装，大大简化了加工过程，实现了产品多样化、设计空间无限化等。

（4）高度柔性

3D 打印技术是以 3D 数字模型为基础的真正数字化制造技术，仅需改变数字模型，调整或重新设置加工参数，就可以实现不同类型产品的制作。同时在成型过程中，3D 打印无须使用专门的夹具或工具，从而使成型过程具有极高的柔性。

（5）自动化程度高

3D 打印是一种完全自动的成型过程，操作者只需要在成型之初输入一些基本的工艺参数，后期无须或较少地实行干预。当出现故障时，设备会自动停止并发出警报；当产品完成后，设备会自动停止并呈现相应的成果。因此 3D 打印技术大幅度降低技术人员的依赖程度，做到零技能制造。

▶ 2.4.2　3D 打印在其他领域的应用

"第三次世界工业革命"和"工业 4.0"的提出在世界范围内掀起了 3D 打印热潮。3D 打印技术作为具有划时代意义的新技术，彻底改变了制造业的生产方式，推进传统制造向智能制造转变。目前，3D 打印技术已被广泛应用于各行各业，如生物医学、航空航天、军事、制造业等领域，正迅速改变着人们的生产生活方式。

（1）3D 打印在生物医学领域的应用

随着 3D 打印技术的发展和成熟，这项新兴技术在生物医学领域得到了广泛应用，利用 3D 打印技术不仅可以实现 3D 细胞、人造组织 / 器官、骨骼、牙齿、药品等实体制造，还可以将其运用于器官模型的制造与手术分析策划，为个性

3D打印技术在
医学领域的应用

化植入假体的制造、器官移植、高度仿生化生物材料的制备以及复方药物的生产等领域的发展及所面临的困境提供了解决思路。2013年12月，剑桥大学再生医疗研究所以大鼠视网膜的神经节细胞和神经胶质细胞为材料，利用3D打印技术制备了具有分裂生长能力且存活率较高的三维人工视网膜细胞，这一突破性的进展为人类治愈失明带来了希望。东京大学的Kizawa团队于2017年采用3D打印技术成功制造出了具有生物活性且功能可以维持数周的迷你版人类肝脏组织，该肝脏组织不仅能代谢药物、葡萄糖以及脂质，还可以分泌胆酸。同年，苏黎世联邦理工学院研发了一种名为"Flink"的3D打印细菌材料，研究人员将水凝胶与细菌结合作为3D打印的"油墨"，通过改变细菌的种类就能实现不同的功能，从而应用于不同的领域。复旦大学附属儿科医院骨科郑一鸣团队通过在3D模型上进行模拟手术（包括术前诊治、手术规划以及术中参照），成功完成了12例先天性脊柱侧凸儿童的矫正治疗。3D打印在推动医疗卫生事业发展的同时，也在其自身技术层面和3D打印生物医用材料研发等方面面临着巨大挑战，因此需要进行更深入的研究，以积极推动3D打印技术在医学领域更多更深层次的应用。

（2）3D打印在航空航天领域的应用

航空航天属于高尖端领域，其所需零部件基本是通过单件定制生产，具有结构复杂、产品精度要求高、质量要求严等特点。然而，传统制造方式的生产成本过高，并对原材料的使用率较低，需要采用先进的制造技术来改变这一现象。因此，3D打印技术作为一种新兴技术，凭借其无与伦比的特点，在实现个性化定制生产、异型复杂结构件制造、大尺度零部件一体化制造等方面做出了重大贡献。2014年，美国航空航天局（National Aeronautics and Space Administration，NASA）完成了3D打印火箭喷射器的测试，通过在计算机中建立喷射器的三维图像，在较高的温度下，使金属粉末重塑成喷射器，该技术测试成功后将用于制造RS-25发动机。美国普惠·洛克达因公司利用选择性激光熔融技术（Selective Laser Melting，SLM）制造了用于J-2X火箭发动机涡轮泵的排气孔盖，并用于NASA"太空发射系统"项目的航天器中。上海航天设备制造总厂通过自主研发的新型多激光金属熔化增材制造设备，已成功打印出形状复杂的卫星星载设备的光学镜片支架、核电检测设备的精密零件、飞机叶轮等构件。

（3）3D打印在军事领域的应用

实现现代化部队是我国军队建设的目标之一，3D打印技术的应用有利于满足军队设备高科技含量的要求。3D打印技术在制造飞机零部件的过程中，不仅缩短了其生产周期，而且可以在不影响飞机性能的情况下降低成本，因此，3D打印技术被应用于我国新一代高性能战斗机的研发中。2013年中国北京国际科技产业博览会上展示了由北京航空航天大学王华明教授团队主导设计的"飞机钛合金大型复杂整体构件激光快速成型技术"（即是用3D打印金属烧结制造飞机钛合金部件）的研究成果，并将此成果应用于首款航母舰载机歼-15、多用途战机歼-16、第五代重型战斗机歼-20等战斗机型的生产。3D打印制造军工产品所需耗材少且损耗少等特点不仅可以应用于战斗机的制造，还能满足军事领域其他设备制造的需要。美国海军水面作战中心使用3D打印技术制造出了最佳的医院船模型，缩短了传统模型设计的周期。此外，3D打印技术的使用可以制造出更加复杂的战舰模型，如驱逐舰、航空母舰的模型。

（4）3D 打印在制造业领域的应用

传统制造业依靠模具来生产零部件，然后对一些具有比较复杂的生产过程、存在一定生产难度且不便加工的产品。3D 打印技术充分迎合制造业的发展需求，在使产品制造更加多元化、便捷化、智能化的同时，降低产品生产成本，提高制造业的创新力，从而推动制造业的发展。在汽车制造领域，福特和通用都是较早应用 3D 打印技术来缩短制造周期的汽车制造企业。福特通过利用 3D 打印技术制造新款发动机的部件，从而省去制造模具的时间。通用在奥迪 A4 车轴的研发过程中，通过 3D 打印技术，结合 EOSINTP700 打印出的聚苯乙烯树脂，并用铝进行石膏熔模铸造，生产全功能车轴。随着 3D 打印技术的不断普及，在我国沿海经济发达地区，3D 打印服务提供商应运而生，其可以根据客户个性化需求提供定制服务。在制造业方面活动中，将 3D 打印技术与网络技术相结合，可以实现分布式生产。客户可以选择本地 3D 打印服务提供商，生产出符合自己需求的产品。虽然目前 3D 打印技术在工业制造业的应用还处于初级阶段，但是正如"工业 4.0"所设想，3D 打印技术的使用会逐渐改变目前的生产模式，推动工业制造走向分布式、个性化、社会化定制生产。

▶　2.4.3　建筑 3D 打印及其应用

建筑 3D 打印最早起源于 1997 年美国学者 Joseph Pegna 提出的一种适用于水泥材料逐层累加并选择性凝固的自由形态构件的建造方法，集成了计算机技术、数控技术和材料成型技术等，是一种新型的数字化建造技术。它通过计算机构建建筑物三维数据模型，采用材料分层叠加的基本原理，将三维建筑模型进行切片处理和离散，分解成具有一定厚度的 STL 文件（包含二维轮廓信息），在对缺失的模型数据进行修复后，生成正确的数控程序，以指导机械装置按照指定路径运动，最终实现建筑物或构筑物的自动建造。与其他 3D 打印相比，建筑 3D 打印需要借助"超大型的三维打印机械"，使用一种特殊的水泥砂浆或混凝土材料作为"油墨"来实现建筑实体的打印，这为建筑行业开辟了一个全新的可能性领域。目前，在建筑领域中主流的打印技术有 D 型工艺（D-Shape）技术、轮廓工艺（Contour Crafting）和 3D 混凝土打印（Concrete Printing）技术。

建筑 3D 打印技术符合建筑工业化、信息化的发展理念及目标，它通过运用现代科学技术和管理方法实现建筑行业信息化设计、装配化施工、绿色化发展，对更新升级全产业链、推动建筑产业现代化发展具有重大作用。与传统的建造技术相比，建筑 3D 打印技术的应用能促使建筑行业的转型升级，解决建筑资源浪费、建筑结构失稳、施工过程不安全和建筑产品结构限制等问题。

（1）基于混凝土分层喷挤叠加的增材建造

混凝土是当今世界上用量最大、使用范围最广的工程材料，但由于其在使用过程中存在高耗能、高污染等问题，制约着混凝土材料的发展。而将 3D 打印技术与混凝土建造工艺相融合，能够有效地解决这一问题，故 3D 打印混凝土建造工艺应运而生。该工艺以混凝土及其他黏合剂等为打印"油墨"，通过层层打印、堆积形成三维实体，主要由"轮廓工艺""轮廓工艺—带缆索系统"和"3D 混凝土打印"构成。具体介绍如下：

①轮廓工艺。轮廓工艺是由美国加州大学 Behrokh Khoshnevis 教授于 2001 年提出的，这项工艺首先通过喷嘴在指定位置喷出混凝土材料进行分层堆积来构建外部轮廓，再向内部填充相应材料形成混凝土构件。

②轮廓工艺—带缆索系统。2007 年美国俄亥俄大学 Paul 等在轮廓工艺的基础上，以刚框架作为机械骨架，利用 12 条缆索控制终端喷嘴的三维运动，研发了轮廓工艺—带缆索系统。

③3D 混凝土打印。英国拉夫堡大学创新和建筑研究中心 Lim 等人基于混凝土喷挤堆积成型工艺，于 2008 年提出了 3D 混凝土打印。

与传统混凝土建造工艺相比，3D 打印混凝土建造工艺无须模板便可直接成型，打印过程几乎无须人力，且具有绿色环保、节约材料和建造效率高等优势。2014 年，美国建筑师 Andrey Rudenko 首先利用 3D 打印混凝土工艺制造混凝土城堡的城墙和塔顶，然后将其组装成型，最后成为世界上第一座使用 3D 打印建造的城堡。2019 年，一座规模较大的混凝土 3D 打印步行桥在上海宝山智慧湾制造完成，该步行桥由清华大学建筑学院—中南置地数字建筑研究中心徐卫国教授团队运用自主研发的机器臂 3D 打印混凝土技术建造而成，整个工程运用了两台机器臂 3D 打印系统进行打印，共花费 450 h 打印完成全部混凝土构件，与同等规模的桥梁相比，它的造价只有普通桥梁造价的 2/3。

（2）基于砂石粉末分层黏合叠加的增材建造

英国 Monolite 公司的意大利工程师 Enrico Dini 在 2007 年提出了一种 D-Shape 的建筑 3D 打印技术，该技术是以砂砾粉末为原料，通过喷挤黏结剂来选择性地逐层胶凝硬化，从而实现三维实体的堆积成型。2014 年，荷兰阿姆斯特丹建筑大学的建筑设计师 Janjaap Ruijssenaars 深受莫比乌斯环的启发，并与数学家、艺术家 Rinus Roelofs、发明家 Enrico Dini 合作，共同设计并建造了世界上首座 3D 打印建筑"Landscape House"，该建筑是利用 D-Shape 技术逐块打印出来的。其先是采用砂石和无机黏合剂混合材料打印楼板和天花板轮廓，再在其中填充钢纤维混凝土以保证强度。2012 年以来，瑞士苏黎世联邦理工学院（ETH Zürich）的 Michael 等人深入研究了基于砂石粉末分层黏合叠加的增材建造。该团队以砂石粉末为材料，通过数字算法建模、分块三维打印和垒砌组装等过程，建造了一个被称为数字异形体（Digital Grotesque）的 Grotesque 构筑物。

（3）基于大型机械臂驱动的材料三维建造

顾名思义，基于大型机械臂驱动的材料三维建造就是以大型机械臂为数字设计建造主导设备，通过运用三维空间结构的构成方式增强材料本身的力学特性，在空间中实现三维自由绘制，该建造逻辑突破了分层叠加的增材过程，是一种材料的三维空间建构。2012 年，德国斯图加特大学 Archim Menges 教授团队利用计算数学设计和机器臂自动操作建造了一个展亭。该展亭使用碳纤维材料及设定的编织工艺，在精准控制机器人与自动旋转模具的协同工作下，编织了一个可自支撑的壳体结构。2017 年，同济大学建筑与城市规划学院袁烽教授团队以改性塑料为打印原材料，运用 7 轴机器臂装备进行 24 h 不间断工作，并借助空间打印技术，最终成功建造出了一座长 11 m、宽 11 m、高约 6 m 的"云亭"。

2.5　人工智能与工程 AI

▶　2.5.1　人工智能的概念

1）人工智能的定义

1956 年，人工智能（Artificial Intelligence，AI）这一术语由 McCarthy 在 Dartmouth 会议上首次提出，标志着人工智能这一学科的正式诞生。作为一门前沿交叉学科，人工智能的定义呈现多样化的趋势。《人工智能：一种现代的方法》全面阐述了已有人工智能的定义，并将其分为 4 类：类人行为、类人思考、理性地思考和理性地行动。维基百科将其定义为"人工智能就是机器展现出的智能"，当机器具备某些"智能"的特征或表现时，就可以算作"人工智能"。《大英百科全书》（*Encyclopedia Britannica*）则限定人工智能是数字计算机或者数字计算机控制的机器人在执行智能生物体才有的一些任务上的能力。百度百科将人工智能定义为"研究、开发用于模拟、延伸和扩展人的智能的理论、方法、技术及应用系统的一新的技术科学"，并将其视为计算机科学的一个分支。《人工智能标准化白皮书》则认为，人工智能是利用数字计算机或者数字计算机控制的机器模拟、延伸和扩展人的智能，感知环境、获取知识并使用知识获得最佳结果的理论、方法、技术及应用系统。

人工智能的定义对人工智能学科的基本思想和内容作出了阐释，即围绕智能活动而构造的人工系统，总的来说，它是一门研究和开发用于模拟和拓展人类智能的新兴科学。

2）人工智能的特征

人工智能共包括 3 个特征：一是以人为本，为人类提供服务；二是环境感知，与人交互互补；三是有自适应特性，能迭代学习。

①以人为本，为人类提供服务。从根本上来说，人工智能系统必须以人为本。这些系统是人类设计出的机器，按照人类设计的程序、算法、硬件载体进行运行或工作，其本质体现为计算。通过对数据的采集、加工、处理、分析和挖掘，系统形成有价值的信息流和知识模型，为人类提供延伸人类能力的服务，实现人类期望的一些"智能行为"的模拟。

②环境感知，与人交互互补。人工智能能够通过各类传感器对外界环境进行感知，接收来自环境的各类信息并作出必要的反应。借助一定载体，人与机器间可以进行交互、互动，使机器能够理解人类的需求，并实现机器与人类的共同协作、优势互补。

③有自适应特性，能迭代学习。在理想情况下，人工智能可以根据环境、条件的变化来自适应调节参数或更新优化模型；并在此基础上广泛扩展与云、端、人、物的数字化连接，实现机器客体乃至人类主体的演化迭代，从而应对不断变化的外部环境，使人工智能系统在各行各业广泛的应用。

3）人工智能的关键技术

人工智能是涉及多领域的交叉学科，涵盖了机器学习、知识图谱、自然语

知识图谱

言处理、人机交互、计算机视觉、生物特征识别等多项关键技术。

（1）机器学习

作为人工智能领域的核心研究热点，机器学习已成为现代智能技术的重要手段之一。机器学习是研究计算机如何模拟或实现人类的学习行为，用以获取新知识、新技能，重新组织已有的知识结构，实现功能的不断自我完善。基于数据的机器学习是实现人工智能的重要途径，研究从数据或样本出发，寻找规律并利用规律进行预测。

侧重要点不同时，机器学习有不同的分类方法。根据学习模式可以将机器学习分为监督学习、无监督学习和强化学习等。根据学习方法可以将机器学习分为传统机器学习和深度学习。此外，机器学习的常见算法还包括迁移学习、主动学习和演化学习等。

（2）知识图谱

知识图谱本质上是结构化的语义知识库，是显示知识发展进程与结构关系的一系列各种不同的图形，用可视化技术描述知识资源及其载体，挖掘、分析、构建、绘制和显示知识及它们之间的相互联系。

基于异常分析等数据挖掘方法，知识图谱可用于反欺诈、不一致性验证、组团欺诈等公共安全保障领域。此外，知识图谱在搜索引擎、可视化展示和精准营销方面也具备极大优势。

（3）自然语言处理

自然语言处理是计算机科学领域与人工智能领域中的一个重要方向，研究能实现人与计算机之间用自然语言进行有效通信的各种理论和方法，主要包括机器翻译、语义理解和问答系统等场景。

①机器翻译是指利用计算机技术实现从一种自然语言到另外一种自然语言的转换，现今基于神经网络的机器翻译已在多个场景成功应用。

②语义理解是指利用计算机对文本进行理解以及对答案进行把控。

③问答系统则是让机器学会以自然语言与人进行沟通交流，智能客服、产品自动问答等均是以语义理解、问答系统为基础的。

（4）人机交互

人机交互主要研究人和计算机之间的信息交换，包括人到计算机和计算机到人的两部分信息交换，是人工智能领域的重要外围技术。传统的人与计算机之间的信息交换主要依靠鼠标、键盘、位置追踪器、显示屏等交互设备进行。人机交互技术除了传统的基本交互和图形交互外，还包括与人工智能研究领域密切相关的4种交互技术，即语音交互、情感交互、体感交互及脑机交互。

（5）计算机视觉

计算机视觉是指让计算机模仿人类视觉系统的科学，使机器能够像人一样提取、处理、理解和分析图像以及图像序列。自动驾驶、智能医疗、安全识别等领域均需通过计算机视觉技术从视觉信号中提取并处理信息。近年来随着深度学习的发展，预处理、特征提取与算法处理渐渐融合，形成了端到端的人工智能算法技术。根据解决的问题，计算机视觉可分为计算成像学、图像理解、三维视觉、动态视觉和视频编解码五大类。

（6）生物特征识别

生物特征识别技术是指通过个体生理特征或行为特征对个体身份进行识别认证的技术。

生物特征识别的流程一般包括信息采集、预处理、特征提取、对比分析等过程。首先通过传感器对人体的生物表征信息进行采集，如利用图像传感器对指纹和人脸等光学信息进行采集，然后基于数据预处理以及特征提取技术对采集的数据进行处理，并将得到的相应特征进行存储。最后，将提取到的特征与存储的特征进行对比分析，即可完成识别。

生物特征识别技术涉及的内容十分广泛，在图像处理、计算机视觉、语音识别、机器学习等多项技术的基础之上，可实现对指纹、掌纹、人脸、虹膜声纹、步态等多种生物特征的识别。目前生物特征识别作为智能化认证的重要技术，在金融、公共安全、教育、交通等领域得到了广泛应用。

▶ 2.5.2　人工智能的应用

人工智能技术在工业、农业、医疗、金融等许多领域都具有广阔的应用前景，将深刻改变人们的生产生活方式。在特定领域，图像处理、计算机视觉、语音识别、机器学习等人工智能技术的准确度和效率已远远超过传统人工方法。

（1）人工智能在农业领域的应用

人工智能技术最初应用于耕作、播种、栽培等方面的专家系统，随着智能控制技术的应用，出现了采摘智能机器人，以及智能探测土壤、探测病虫害、气候灾难预警等智能识别系统和用于养殖业禽畜智能的可穿戴产品。1978 年，美国伊利诺伊大学开发了第一个专家系统（CPLANT / ds）用于大豆病虫害诊断；全球最大的农业机械制造商约翰迪尔公司（John Deere）开发了智能机器人用于除草、灌溉、栽培等流程；佛罗里达大学开发了橙子采摘机器人。在土壤探测领域，Intelin Air 公司开发了一款无人机，通过类似核磁共振成像的技术拍下土壤照片，通过计算机智能分析，能够确定土壤肥力并精准判断适宜栽种的农作物。德国柏林 PEAT 农业科技公司开发了 Plantix 用于辨识土壤中潜在的缺陷，准确度高达 95%。美国的 Plant Village 实现了智能识别作物所患虫害，该款 App 可检测出 14 种作物的 26 种疾病，识别准确率高达 99.35%。在畜牧业领域，加拿大 Cainthus 机器视觉公司通过在农场安装摄像头获取牛脸部及身体状况的照片，从而对牛的情绪、健康状况等进行智能分析判断。日本 Farmnote 公司开发了一款用于奶牛身上的可穿戴设备“Farmnote Color”，其可对奶牛的身体健康状况进行实时监测。

（2）人工智能在工业领域的应用

人工智能在工业生产、质量检测、销售等多个环节具有广泛运用。在工业生产方面，奥迪与 SAP 合作，将其匈牙利电动汽车车间的传统流水线用自动加工岛替代，将人工智能技术用于协调不同车型的工序和零部件的几何数据，生产效率提高了 20%。中国青岛的红领，基于人工智能技术和自身的服装数据库，优化了整个工业化生产流程，极大地提升了投资回报率。在质量检测方面，台湾中钢公司引进了 IBM 的 Power AI 解决方案，用于分析轧钢过程中的缺陷。普锐特公司与宝钢合作，通过 AI 实现了精轧机的动态宽度控制，减少或消除宽度偏差以提高成品率。印度塔塔钢铁公司也将人工智能运用于发现汽车用带钢的表面缺陷。华星光电集团则通过机器学习与快速训练，建立高精度模型，实现机器对 LED 面板的自主质量检测，节省了 60% 的人力。在销售环节，蒙牛集团利用人工智能技术，建立了贯穿于从奶源、运输、仓储、生产、销售整套环节的全流程可追溯系统。亚马逊商城建立了用户购买习惯和产品属性的知识图谱，向用户进行个性化推荐，同时向销售商反馈生产与营销建议，提高了自身利润率。

（3）人工智能在医疗领域的应用

人工智能在医学领域的应用，能解决智能辅助诊疗、智能影像识别、智能虚拟助理、医疗药物研发等多方面医疗问题。在智能辅助诊疗方面，20世纪70年代，美国斯坦福大学开发了第一个用于诊断和治疗的人工智能专家咨询系统（MYCIN系统），为智能诊断系统的开发奠定了理论基础。1978年，北京中医医院开发的"关幼波肝病诊疗程序"是我国首次将AI与传统医药领域相结合。2012年，Watson肿瘤系统通过了美国职业医师资格考试，并部署在美国多家医院提供辅助诊疗的服务。Babylon开发的在线就诊系统，能够基于用户既往病史和在线人工智能系统对话时所列举的症状，给出初步诊断结果。目前人工智能在智能诊疗的应用中，最成熟的案例是由IBM开发的Watson肿瘤系统，Watson肿瘤系统已入驻世界各国多家医院。在智能影像识别方面，贝斯以色列女执事医学中心（Beth Israel Deaconess Medical Center，BIDMC）与哈佛医学院合作研发了一款人工智能系统用于乳腺癌病理图片中癌细胞的识别，该系统的准确率能达到92%。2020年，中国科亚医疗开发的"冠脉血流储备分数计算软件"获得国内首个AI影像辅助诊断Ⅲ类证。在医疗药物研发方面，2015年，Atomwise基于现有的候选药物，应用人工智能算法，在24 h内成功地找出了两种能控制埃博拉病毒的候选药物。

（4）人工智能在金融领域的应用

人工智能在金融领域的应用范围主要集中在智能投资顾问、智能信贷与监控预警、智能客服等。目前，智能投资顾问的应用已经较为成熟，美国的Betterment、英国的Moneyon Toast、德国的Finance Scout 24、法国的Marie Quantier等投资顾问公司均成功将人工智能引入投资理财中，为个人提供投资参考并为投资机构构建和调整交易的模型；在智能信贷与监控预警方面，世界上第一个以人工智能驱动的基金Rebellion曾成功预测了2008年股市崩盘，并在2009年给希腊债券F评级；日本三菱公司开发的人工智能机器Senoguchi能预测未来30日内日本股市的变化；掌管900亿美元的对冲基金Cerebellum，使用了人工智能技术，从2009年以来一直处于盈利状态。在国内，蚂蚁金服已成功将人工智能运用于互联网信贷、保险、征信、资产配置等领域；招商银行的可视化柜台、交通银行推出的人工智能机器人"娇娇"等则基于人机交互，在智能客服领域做出了早期的尝试和探索。

▶ 2.5.3　建筑工程AI及其应用

1）建筑工程AI的概念

建筑工程AI是指机器按照人类设计的程序、算法，对建筑工程信息的进行采集、加工、处理、分析和挖掘，不断从中积累经验，形成有价值的信息流和知识模型，并通过一定的硬件载体实现建设任务各个阶段的智能化辅助，甚至替代建设项目中设计、施工、运维等阶段存在的部分劳动过程，实现建设工序标准化、自动化，提升工程质量及效率。

人工智能跟人类相比具有多种优势：可以长时间重复同样的工作而不会疲惫；记忆力

强，积累的经验可以随时调用；不受情感等主观因素的影响，使决策客观而公正。目前，机器学习、自然语言处理、计算机视觉、生物特征识别等人工智能核心技术已被运用于建筑设计、施工、运维等阶段，成功替代了建设工程全生命周期中存在的大量简单重复的体力和脑力劳动，极大地解放了劳动力并提升了工作效率，促进了建筑工序的自动化和标准化，提高了工作的精准度和工程质量。此外，人工智能系统还能够在高温、高压、水下等人类难以适应的环境中工作，从而减少建筑施工、维护时的场景限制。

2）人工智能技术在建筑领域的应用

（1）机器学习在建筑领域的应用

机器学习现已成为建筑工程实现自动化、信息化、智慧化的重要现代智能技术之一。机器学习从数据或样本出发，寻找规律并利用规律，基于反复试验来学习或模拟人类行为。在建筑设计、施工等阶段，机器学习可以基于对现有数据的学习，列举海量的组合和替代方案，并不断优化路径进行自我纠偏，选出最佳方案，辅助项目决策。

在建筑设计阶段，机器学习算法凭借计算机的存储能力、记忆能力和运算能力，能够在不断的探索中积累经验，创造出更优的建筑设计方案。在建筑空间布局方面，1963 年美国工程师 Souder J.J. 利用迭代算法，根据患者最短行走路线来优化空间布局，实现医院建筑空间布局方案的自动生成。2017 年 5 月，被称为"人工智能建筑师"的小库（XKool）诞生，这是第一款在实际设计层面应用了人工智能的智能设计云平台。它将设计算法、机器学习和云端引擎等技术，融入最简单易用的云端操作界面中，提供基地评估、智能设计、智能PPT 等功能，帮助设计师高效完成分析、规划和建筑设计前期工作，缩减了工作周期。

在施工阶段，机器学习能够用于项目的精确测算和决策辅助，计算机通过各类传感器可以自动获取施工现场的信息，从而根据现场情况自行调整人员、材料、进度、预算的规划策略。S.M.Chen 等学者提出了一种智能调度系统（Intelligent Scheduling System，ISS），可以帮助项目经理找到根据项目目标和约束制订的最优的进度计划。ISS 集成了进度、成本、空间、人力、设备和材料等主要施工因素，使用仿真技术分配资源、确定工序，并根据不可预见情况调整进度，从而寻找近似最优方案。新加坡国立大学的 M.Y.Cheng 等开发了基于进化模糊混合神经网络的项目绩效持续评估（Continuous Assessment of Project Performance，CAPP）软件，用于项目现金流量管理，同时能动态评估影响项目绩效的因素。2018 年，AI Startup 通过机器学习算法在建设项目的预算超支、进度偏差等问题上辅助管理人员进行决策，该公司将建筑工地现场的数据输入深度神经网络，该网络能够对不同子项目的距离进行分类，若分析结果与原定计划偏差过大，则可通知管理团队介入处理。

（2）自然语言处理技术在建筑领域的应用

作为人工智能领域的一个重要方向，自然语言处理在建筑领域的应用同样大有可为。随着新兴技术与工程建设的结合，建筑行业已经成为一个信息密集型产业，项目全生命周期会产生诸如合同文本、安全报告、变更单等大量的文本信息，管理人员往往会因文档管理花费大量时间，自然语言处理技术可以将非结构化的文本信息转化为结构化信息，从而提升工程管理人员的决策效率。

在设计阶段，通过自然语言处理技术可以获取相似案例，为建设项目的图纸设计和方案规划提供辅助决策。如将自然语言处理技术对项目中使用建筑信息模型的用途进行了分类，并对原有案例的设计协调、冲突检测进行学习。此外，利用自然语言处理技术将 CAD 文件转换为特性文件，实现 CAD 文件的自动、快速、精确检索，使 CAD 数据库成为可能，实现建筑业 CAD 文件的检索和重用，从而辅助图纸设计。

在施工阶段，自然语言处理技术可以辅助管理人员进行合同管理工作。在工程索赔方面，通过自然语言处理技术可以对索赔文本和关系进行提取，实现建筑索赔法律自动化分析。鉴于建筑监管文件合规性检查的人工过程耗时、成本高且容易出错，一种自动提取监管信息的新方法被提出。该方法利用语义建模和自然语言处理技术来促进自动监管文档分析和处理，以从这些文档中提取需求并以计算机可处理的格式来形式化这些需求，可以使自动化的建筑法规合规性检查更加接近现实。此外，在建筑运维管理阶段，自然语言处理技术还可以实现建筑质量投诉信件的高效处理。

（3）计算机视觉技术在建筑领域的应用

计算机视觉技术在建筑领域各阶段的图像识别和行为识别等方面得到了广泛应用。利用计算机视觉技术结合机器学习的理论和方法可以实现图像场景的自动化识别和分类，机器能够像人一样提取、处理、理解和分析图像以及图像序列，将这些应用延伸至建设工程领域，可以帮助完成设计阶段快速建模、现场材料设备检测等管理任务。

在设计阶段，加州大学洛杉矶分校的 Kobayashi Y. 基于计算机视觉技术实现了整个城市的快速建模——根据卫星航拍的建筑轮廓，通过图像识别实现二维图形到三维模型的自动生成。2021 年 1 月，深圳市建筑工程人工智能审图系统正式上线，该系统在计算机视觉技术基础之上，推进了房屋建设类施工图纸质量自动化监管工作。目前该系统可实现建筑、结构、给排水、暖通、电气五大专业住宅类的国家设计规范 AI 智能审图抽查。在施工阶段中，计算机视觉技术可以辅助开展施工安全等的现场监控，如交叉作业时的碰撞事故、设备超载、结构受损等，从而实现实时安全引导，减少安全事故发生。计算机视觉技术还可以通过结合空间定位技术获取现场人员与危险环境的位置关系，并通过图像语义提取场景中的行为个体、位置区域、安全风险等信息，从而实现现场人员安全预警。

（4）生物特征识别技术在建筑领域的应用

生物特征作为智能化认证的重要技术，可实现对指纹、掌纹、人脸、虹膜、声纹、步态等多种生物特征的识别，目前在建筑施工管理、运维管理等阶段有着广泛应用，极大地提升了工程管理效率。

智能家居

在施工阶段，基于生物特征识别技术的人脸识别系统实现了现场的自动化人员考勤管理。2018 年 5 月，住房和城乡建设部发布的《建筑工人实名制管理办法（征求意见稿）》指出，施工企业需在施工现场进出口安装硬件设施，鼓励使用生物识别，并对电子考勤信息进行识别存档。目前，全国各大施工单位正逐步使用人脸识别考勤系统替换传统考勤方式，从而提升管理效率，保障各方利益。

后期运维和管理也是建筑全生命周期中的关键环节，从简单的人脸识别、指纹开锁到扎克伯格开发的智能家居系统 Jarvis，人工智能已经在建筑运维中为用户提供了多种便捷的服务。将基于生物特征识别的人工智能系统用于建筑的运维管理，可以实现人员进出口自动控制、费用在线缴纳，以及温度、灯光、湿度等的自动调控。深圳阿里中心共享空间致力于利用人工智能改善建筑操作，以改善租户的居住体验。阿里中心共享空间将各类机电设备通过智能建筑网管连接，包括人脸识别摄像头、门禁、密码锁、环境传感器、空调、电表以及照明系统等。此外，该空间智能建筑平台可获取来自光学传感器的视频流数据，通过生物识别技术和机器学习算法，快速对办公空间的人员进行识别，从而实现非授权用户的提前识别和劝阻，以及授权用户的无感通行。

2.6　区块链与工程区块链

▶ 2.6.1　区块链

区块链

1）区块链的定义

2008 年 11 月 1 日，中本聪（Satoshi Nakamoto）发表了《比特币：一种点对点的电子现金系统》一文，阐述了基于加密技术、时间戳技术和区块链技术等的电子现金系统的架构理念，而这篇奠基性的文章便是区块链的起源。随着区块链的不断发展，其定义也在不断演化。维基百科给出的定义是：区块链是一个分布式的账本，区块链网络系统以无中心地的形式维护着一条不断增长的、有序的数据区块，每一个数据区块内都有一个时间戳和一个指针，指向上一个区块，一旦数据上链之后便不能更改。在该定义中，将区块链类比为一种分布式数据库技术，通过维护数据块的链式结构，可以维持持续增长的、不可篡改的数据记录。

狭义来讲，区块链是一种按照时间顺序将数据区块以顺序相连的方式组合成的链式数据结构，并以密码学方式保证的不可篡改和不可伪造的分布式账本；广义来讲，区块链技术是利用块链式数据结构来验证与存储数据，利用分布式节点共识算法来生成和更新数据，利用密码学的方式保证数据传输和访问的安全，利用由自动化脚本代码组成的智能合约来编程和操作数据的一种全新的分布式基础架构与计算范式。

2）区块链的特点

从应用视角来看，区块链是一个分布式的共享账本和数据库，涉及数学、密码学、互联网和计算机编程等多项科学技术，具有去中心化、可追溯性、开放性、安全性和匿名性等特点。

（1）去中心化

去中心化是区块链最本质最突出的特点，又称分布式特点。区块链网络内没有中心管制，除了自成一体的区块链本身，通过分布式核算和储存，内部的各个节点都可以记账，并进行自我验证、储存和管理，这个过程不依赖第三方管理机构，从而规避了操作中心化的弊端。

（2）可追溯性

每一个区块都记录着前一个区块的哈希值，区块与区块间形成了一条完整的链，这使得区块链的每一条记录都可以通过其链式结构追溯本源。

（3）开放性

区块链技术基础是开源的，除了交易各方的私有信息被加密外，区块链的其他数据对外公开透明，任何人都可以读写相关区块链数据、开发相关应用。

（4）安全性

任何个人或机构想要改变区块链网络内的信息，都需要掌握整个系统中超过51%的节点，而这个过程难度极大，这便使区块链本身变得相对安全，避免了恶意的数据篡改。

（5）匿名性

单从技术上来讲，区块链是基于算法以地址来实现寻址的，各区块节点的个人身份不需要公开或验证，信息传递可以匿名进行，这也是区块链不可控的一点。

3）区块链的实质

区块链就是通过标准算法，利用密码学方法将数据压缩为一个代码，称为"哈希"或者"散列"。这个数据与真实世界完全对应，可以代表一个记录、一笔资产、一项交易等。每一个数据块中包含了一次网络交易的信息，用于验证其信息的有效性（防伪）和生成下一个区块，每个区块通过哈希算法相继链接。

简而言之，区块链实质是一种基于密码学原理构建且多方参与、共同维护的一个持续增长的分布式数据库，也被称为分布式共享总账（Distributed Shared Ledger）。这个账本使用区块记录交易信息，具有严格的记账规则。每个用户节点都可以查看账本上的记录，但其中的记录内容不可修改，其核心在于通过分布式网络、时序不可篡改的密码学账本及分布式共识机制建立彼此之间的信任关系，利用由自动化脚本代码组成的智能合约来编程和操作数据，最终实现由信息互联向价值互联的进化。

4）区块链的技术特征

区块链技术通过建立电子信息、加密、确认交易、实时广播、添加区块和网络复制记录等6个步骤完成工作。借助分布式核算和存储，区块链各个节点实现了信息自我验证、传递和管理。去中心化是区块链最突出、最本质的特征，区块链网络中的各个节点，不需要依赖中心化机构的信息处理就可实现点与点之间的交流。交易者同样可以自证后直接交易，不需要依靠第三方管理机构的信任背书，如图2.3所示。

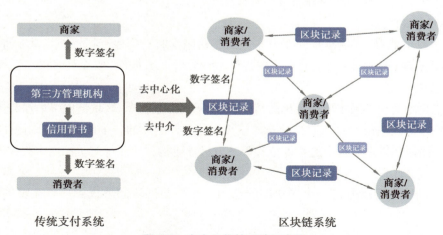

图2.3　去中心化的系统示意图

区块链具有共识信任机制，从根本上改变了中心化的信用创造方式，运用一套基于共识的标准算法，在计算机之间建立"信任"网络，通过技术背书而非第三方机构的信用背书来创造信用。借助区块链的算法证明机制，在整个系统中的每个节点之间进行数据交换，无须建立信任过程。在系统指定的规则范围和时间范围内，节点之间必须互相交流真实信息，无法造假。

▶ 2.6.2　区块链在其他行业的应用

区块链系统具有分布式高冗余存储、不可篡改性、去中心化、安全和隐私保护等显著特点，这使得区块链技术除在数字加密货币领域的成功应用外，在经济和社会系统中也有着广泛的应用场景。

（1）区块链在金融领域的应用

区块链技术与金融市场有非常高的契合度，其应用场景持续扩展，涉及金融行业的各个方面。区块链去中心化的特点能够建立无中心机构信用背书的金融市场；在互联网金融领域，区块链被用于 P2P 网络借贷、股权众筹和互联网保险等商业模式；证券和银行业务也是区块链的重要应用领域，通过区块链制订自动化智能型合约，买卖双方有效完成清算，能够极大地降低成本、减少错误和简化流程。

在保险理赔方面，2016 年，区块链企业 Stratumn、德勤与支付服务商 Lemonway 合作推出了名为 LenderBot 的微保险产品，用户可以使用 Facebook Messenger 的聊天功能，为个体间交换的高价值物品进行投保，区块链代替了其投保过程中需要的第三方机构。在各大银行中，2017 年，中国建设银行与 IBM 合作，利用 Hyperledger Fabric 1.0 软件开发了一个区块链银行保险平台；中国工商银行与贵州省贵民集团合作开发了"脱贫攻坚基金区块链管理平台"，将银行金融链与扶贫资金审批链结合，实现扶贫资金精准投放。同年，中国银行业协会牵头推进中国贸易金融跨行交易区块链平台筹建事宜，该平台于 2018 年 12 月 29 日正式上线，实现了跨行金融业务的电子化、信息化，促进了跨行贸易的信息流通、交易安全、隐私保护等，打破了传统贸易金融交易中环球同业银行金融电信协会（Society for Worldwide Interbank Financial Telecommunications，SWIFT）系统的垄断地位。截至 2019 年 10 月，中国建设银行开发的区块链贸易金融平台交易量已超过 3 600 亿元。

（2）区块链在物流领域的应用

区块链与物流领域也可以天然结合。区块链通过结点连接的散状网络分层结构，能够在整个网络中实现信息的全面传递，并能够检验信息的准确程度。2015 年 1 月，成立了一家名为 Yojee 的新加坡物流公司，该公司致力于设计自动化物流网络，为物流公司提供实时跟踪、提货和交货确认、开票、工作管理和司机评级等服务。Yojee 的软件是利用区块链技术来跟踪、存档交易和交货细节的，以便在必要时可以始终对其进行验证，保证货物的安全。华为云区块链服务（Block Chain Service，BCS）和 SAPBaaS 合作，开发展览设备临时海关进出口（ATACarnet）区块链管理创新项目，基于双方区块链平台开发构建可信共享、全程可追踪的区块链跨洋物流管理创新项目，将 ATA 单据、物流过程、处理流程、货物状态都记录到带有时间戳且不可篡改的共享账本中，各参与方尤其是海关可直接检查和跟踪展品的进出口实况，极大地改善了跨国物流和海关合规申报流程，从而提高了工作效率。除华为外，IBM、沃尔等公司也早已积极探索利用区块链技术以解决自身在物流供应链上的问题。

（3）区块链在数字版权保护方面的应用

在数字版权保护方面，区块链技术有助于实现数字版权保护新机制，提升版权溯源、版权管理效率。通过区块链技术，可以对作品进行鉴权，鉴定文字、图片、视频和音频等作品，保证权属的真实、唯一性。作品在区块链上被确认版权后，后续交易都会被实时记录，从而实现数字版权的全生命周期管理。美国纽约一家创业公司 MineLabs 基于区块链的元数据协议开发了一个名为 Mediachain 的系统，该系统利用超媒体传输协议（Inter Planetary File System，IPFS）来实现数字作品的版权保护，主要是针对数字图片的版权保护。2018 年 4 月，为保护原创版权，百度开发了版权登记平台"图腾"，该平台利用区块链版权登记网络，配合可信时间戳、链戳双重认证，为每张原创图片生成版权 DNA，打通图片行业价值链。2018 年 10 月，日本索尼公司为提升版权管理效率，开发了一种基于区块链的数字版权管理系统，该系统不仅可以自动验证书面作品的版权，还能帮助管理数字内容的版权相关信息，使参与者能够共享和验证信息。此外，区块链还推动了以作者为中心的自出版形态，为原创赋能。2018 年，基于区块链公开透明、去中心化、智能合约等技术优势建立的区块链出版平台 Publica 获得数字图书世界大会"最佳区块链出版应用奖"。

► 2.6.3 工程区块链及应用

1）工程区块链的定义

工程区块链是指利用区块链技术去中心化、不可篡改性等特点，把从项目立项开始直至竣工验收完成结束，整个建筑活动中形成的一系列历史信息记录实施上链，实现工程数据全过程可追溯、无法篡改，工程争议精准追责。工程区块链通过分布式网络、时序不可篡改的密码学账本及分布式共识机制建立了设计方、施工方、业主等项目参与各方之间的信任关系，减少了建筑行业信息不对称问题。例如，基于区块链技术建立的电子招投标平台能确保交易过程的公平公正，减少工作流程；各相关参与方可以基于区块链技术以数字方式签订交易合同，通过这种智能合约，政府及各方可以全程监督建筑行业的交易与建设过程，并且保证整个交易是符合所有标准与法规的；此外，区块链可以保证加密货币的安全性，数据库可以受到绝对保护，因而可以更好地保护工程建筑行业的重要信息。将区块链技术引入建筑领域，可以减少工作流程、缩短等待时间、降低工程成本以及减轻管理人员的负担。

2）工程区块链在建筑领域的应用

（1）基于区块链的工程招投标

建设工程项目在传统的招投标过程中，往往会在资格预审和评标等环节耗费大量的时间和精力，而借助区块链技术的不可篡改性，建立一个建筑行业资信平台，可以辅助身份验证，从而使招标资质审核过程得到极大简化。区块链技术与建设工程招投标过程的结合，可使工程招投标更加透明、招投标结果更加可信赖。

早在 2016 年 12 月，贵阳市政府就发布了第一个城市区块链白皮书《贵阳区块链发展和应用》。2017 年 6 月，贵阳市人民政府办公厅还发布了《关于支持区块链发展和应用若干政策措施》，对区块链发展提供政策支持。贵阳的建筑公司开始结合区块链技术，将建筑流程集成在一个基于区块链应用的平台上完成，形成"业主—多个零工"的非线性网状合同结构。2020 年 5 月 6 日，深圳市建设工程交易服务中心与技术服务提供商北京筑龙有限公司，依靠腾讯云区块链 TBaaS 的底层技术支持，打造了中国首个全交易过程应用区块链技术的招投标交易平台。该招投标平台把建设工程项目在各关键环节的数据进行区块链存证，并生成"数据身份证"、存证时间戳、区块高度等信息，并能随时验证数据真伪，从而保证建设工程项目关键环节数据的真实性和可追溯性。该平台还可对数据异常修改情况进行预警，并对比显示被异常修改的数据详情。同年，甘肃省公共资源交易局联合蚂蚁链、阿里云、甘肃文锐，基于蚂蚁 BaaS 平台开发网上开评标系统，开展从企业投标、专家评标到公示结果等 12 项交易环节，交易电子数据全部自动上链存证且不可篡改。该系统上线 3 天，就完成了 7 个建设项目 11 个标段的在线开标工作，参加投标企业 50 余家，交易金额达 16.2 亿元。

（2）基于区块链的施工管理

施工管理是利用区块链技术的安全性、不可篡改性和可追溯性的特点，并借助自主可控区块链底层、云架构＋微服务、智能水印＋防止截屏等技术，不仅具有高安全、高可用的特性，还支持弹性扩展，保证数据真实，防止次生管理问题，既保障了建设工程质量安全，也提升了对工程建设质量安全的监督管控和预警能力。

2019 年，象链科技提出了"智慧工地＋区块链"的解决方案。在材料管理方面，每批次建材能通过区块链录入唯一指纹 ID，并利用 XBaaS 对每条信息进行签名以实现建材溯源。在安全管理方面，依靠去中心化分布式计算，实行多节点部署、管理，实现智能风险预测控制。在成本管理方面，公司建立了区块链资金管理平台，将各项劳务合同、银行往来账目、工资发放情况等利用区块链系统进行统一管理。2019 年 5 月，中装建设集团成立了深圳市中装智链供应链有限公司，计划在建筑装饰业务的供应链场景中，开展区块链技术平台的研究和开发。

2020 年，兆物信连建立了一种基于招标项目的 P2P 对等网络，构建了"区块链＋招标"的新生态招标体系。2020 年 1 月，住房和城乡建设部提出以区块链等技术为支撑在湖南省、深圳市、常州市开展绿色建造试点工作，推动智慧工地建设和智能装备设备应用，实现工程质量可追溯，从而提高工程质量和管理效率。深圳宝安区也在 2020 年 1 月搭建了混凝土质量区块链平台，在混凝土配送过程中将用微信扫码或人脸识别取代手工签收，保证混凝土的质量，还可以进行溯源，最大限度地保证建筑材料的质量，并且降低建筑材料带来的风险。

2020 年 7 月，中国雄安数字城市科技有限公司联合中国移动共同推出了全国首个"区块链监理管理系统"。该系统可以将工程监理数据汇集在管理系统内，通过动态实时的大数据看板，帮助建设管理单位可以数字化、可视化、移动化地监督所有项目进场人员情况、人员履职情况、特种设备验收情况、安全质量管理工作动态等，还能在统计分析中，对当前发现的主要质量安全问题、位置、处理结果等进行数字化监控和预警。

2021 年 1 月，云南上市公司南天集团基于区块链技术搭建了南天区块链应用平台（NBaaS），推进工程项目支付及信息化管理，实现各主体之间合同签署、工程进度确认、资金支付服务穿透式管理，可使产业链上的农民工工资及中小微企业工程款支付得到有效保障。

（3）基于区块链的房屋销售及产权管理

不同类型的不动产需要行政主管部门进行分散登记与管理，会造成不动产交易市场信息分散，信息公开不及时。另外，二手房交易、房屋租赁市场中存在买卖信息滞后、交易效率低下、信用机制缺乏以及隐私泄露等痛点，恶化了市场环境，阻碍了房地产业的发展。区块链的去中心化、可追溯、防篡改等特点与房地产相关业务有诸多契合之处，各地正基于区块链技术逐步建立不动产交易信息平台。

2018 年，雄安新区联合中国建设银行、链家、蚂蚁金服等公司将区块链技术运用到租房市场中，开发区块链租房平台。在该区块链平台上展示的房源信息，租赁双方的身份信息以及租赁合同信息将得到多方验证，难以篡改。宝能集团指出区块链技术将推进地产数据上链、房产数字化身份、智能撮合交易、隐私的保护、房源的真实性等应用场景的落地，宝能区块链中心还对二手房交易、房产租赁进行区块链应用进行了大量探索，着力解决交易过程中的安全和效率问题，简化房产租赁的流程、加快交易、降低中间成本。

2020 年 12 月，成都市政府印发了《成都市进一步优化不动产登记领域营商环境实施方案》，该方案指出，成都将在不动产登记领域推广应用区块链技术。将利用区块链技术实现不动产交易、税款征收、户籍人口、营业执照、房屋测绘、司法判决等信息共享应用，保障部门间数据共享的完整、有效、可追溯和权威可信。

2.7　虚拟技术与建筑信息模型

▶　2.7.1　虚拟样机技术

虚拟样机技术（Virtual Prototyping，VP）是指在产品设计开发过程中，将分散的零部件设计和分析技术（指在某一系统中零部件的 CAD 和 FEA 技术）糅合在一起，在计算机中建造出产品的整体模型，并针对该产品在投入使用后的各种工况进行仿真分析，预测产品的整体性能，进而改进产品设计，提高产品性能的一种新技术。

虚拟样机技术的实现所具备的关键技术包括系统总体技术、支撑环境技术、虚拟现实技术、多领域协同仿真技术、一体化建模和信息/过程管理技术等。其中，系统总体技术从全局出发，考虑支持虚拟样机开发的各部分之间的关系，规定和协调各个子系统的运行，并将它们组成有机的整体，实现信息和资源共享，完成总体目标。支撑环境技术是一个支持并管理产品全生命周期虚拟化设计过程与性能评估活动，支持分布异地的团队采用协同 CAX / DFX 技术开发和实施虚拟样机工程的集成应用系统平台。一体化建模技术是虚拟样机技术的核心，是将各模型进行一致、有效的描述、组织、管理和协同运行的技术。协同仿真技术是不同的人员采用各自领域的专业设计 / 分析工具协同地开发复杂系统的一条有效途径。信息 / 过程管理技术是在正确的时刻把正确的数据按正确的方式传递给正确的人的技术。虚拟现实技术则为该技术搭建了一个虚拟环境，关于虚拟现实技术的定义见下节。

　　在美国、德国等发达国家，虚拟样机技术已被广泛应用，应用的领域涉及汽车制造、机械工程、航空航天、军事国防、医学等方面，涉及的产品由简单的照相机快门到庞大的工程机械。在国内虚拟样机技术已从传统的应用于军事、航空领域，实现了在机械工程、汽车制造、航空航天、军事国防等多个领域的应用，如复杂高精度的数控机房的设计优化、机构的几何造型、运动仿真、碰撞检测、虚拟现实技术培训等。Caterpillar 公司采用虚拟样机技术，从根本上改进设计和试验步骤，实现快速虚拟试验多种设计方案，从而降低产品成本、提高性能。John Deere 公司利用虚拟样机技术找到工程机械在高速行驶时的蛇行现象及在在重载下自激振动问题的原因，并提出改进方案。天津科技大学王新亭等采用 Vicion 对人体下肢外骨骼进行运动试验与分析，并借助 ADAMS 运动仿真与拉格朗日方程计算得出运功学参数，进而设计了一款兼顾行走与低成本的下肢外骨骼虚拟样机。

▶ 2.7.2　虚拟现实技术

虚拟现实
技术VR

1）虚拟现实技术的定义

　　虚拟现实技术（Virtual Reality，VR）在国内又被称为"灵境"，在国外与虚拟现实同类的术语，还有虚拟环境、人工现实及电脑空间等。VR 的提出归功于美国学者 Ivan SutherLand 于 1965 年发表的一篇题为 *The Ultimate Display* 的论文，其标志着虚拟现实技术研究的开端。1968 年，计算机图形学之父美国 VPL 公司创始人 J. Lanier 正式提出 "Virtual Reality" 一词，将虚拟现实技术定义为：虚拟现实技术是由交互式计算机仿真组成的一种媒体，能够感知参与者的位置和动作，替代或者增强一种或者多种感觉反馈，从而产生一种精神沉浸于或者出现在仿真环境（虚拟世界）中的感觉。1993 年，美国学者 Michael Heim 从《韦氏词典》对 "Virtual" 和 "Reality" 的解释出发，提出 "虚拟现实是实际上而不是事实上为真实的事件或实体"。

　　虚拟现实技术实际上是一种利用计算机创建并体验虚拟环境的仿真系统，它通过融合多源信息的、实时的三维动态视景，以自然的方式与基于实体行为的系统相交互，从而使用户得到视觉、听觉、触觉一体化的沉浸式体验。

2）虚拟现实技术的主要特征

　　1994 年，Burdea G. 和 Coiffet 在 James. D. Foley 教授所提出的 3 个关键元素（2I+B）的基础上进行了进一步完善，提出 VR 具有沉浸性（Immersion）、交互性（Interaction）和构想性（Imagination）3 个基本特征，即 "3I 理论"。

　　（1）沉浸性

　　沉浸性也称临场感，作为虚拟现实技术的最主要特征，它是指用户从心理和生理上感受到置身于计算机所创建的三维虚拟环境的真实程度。沉浸性来源于对虚拟环境的多感知性，包括视觉感知、触觉感知、味觉感知、嗅觉感知和运动感知等，以实现在用户对虚拟空间中刺激的感知，达到思想共鸣、心理沉浸，产生如同进入现实世界的效果。

（2）交互性

交互性是一种近乎自然的交互，是用户对虚拟世界中对象的可操作程度和从环境中得到反馈的自然程度（包括实时性）。用户在虚拟空间中，借助各种专用设备（如头盔显示器、数据手套等）以自然的方式在虚拟环境中自主交流或操作对象时，周围环境会产生如同真实世界的反应。

（3）构想性

构想性又称想象性，是用户进入虚拟空间，实现与周围对象的交互，进而扩宽事物的认知范围，以创造出真实世界不存在的或不可能发生场景的能力程度。构想性也可以理解为用户对虚拟环境中多源信息和自身行为的认知，通过联想、推理和逻辑判断等思维过程，对复杂系统中的运动机理和规律进行深层次认识。

3）虚拟现实技术的应用

随着柔性显示、人工智能、物联网、5G 高速传输、移动式高性能图形计算机等技术的出现，使虚拟现实技术得到了迅速发展，并为虚拟现实技术进军商业领域奠定了坚实基础。目前，基于虚拟现实技术的应用和设备已经开始出现在教育、医疗、军事等诸多领域。

（1）虚拟现实技术在教育领域的应用

根据中国智能终端市场预测（IDC）发布《2021 年中国智能终端市场十大预测》，在教育市场，到 2021 年将有 8% 的智能设备产品与教育相关，超过 50% 的设备将与多模式交互技术集成，虚拟现实技术的教育应用已经变得势不可挡。由此可见，5G 时代的到来，不仅便利了人们的生活，也为教育事业迎来了一场"教改风暴"。由于其拥有优异的交互性和沉浸感，美国 K12 学校联合 Google 公司推出了虚拟现实教育计划"Expeditions"，在费城的中学课堂上，教师可以带领学生浏览澳大利亚的大堡礁或西班牙的城堡。

（2）虚拟现实技术在医疗领域的应用

VR 技术在医疗领域已成功运用于医疗培训、临床诊疗和心理干预三大方面。2017 年 9月，伦敦皇家医院使用 VR 技术完成了世界上第一例 360 VR 脑动脉瘤治疗，并取得了成功。除了医学诊疗，VR 在治疗心理疾病上也取得了显著成果。在一项军方对受到简易爆炸装置爆炸伤、烧伤的士兵进行的研究中发现，VR 的治疗效果甚至比吗啡更好。根据患者报告，使用 VR 后减少了 60% ~75% 的痛苦，相比之下，吗啡平均减少约 30% 的痛苦。

（3）虚拟现实技术在军事领域的应用

VR 技术在军事领域的应用极大地改变了传统训练中实弹和设备的消耗，以及可能的人员伤亡，因此受到世界各国的高度重视。目前，该技术已被广泛应用于虚拟军事训练、设备模拟操作、飞机设备模拟维修等方面。一套名为"可拆式士兵训练系统"（Dismounted Soldier Training System）融合了虚拟现实技术，并通过相应的硬件设置，模拟出真实环境下的各类战场情况，从而实现了室内环境下士兵的实战培训。

4）虚拟现实技术在建筑领域的应用

在建筑领域中使用 VR 技术可以极大地提升建造效率，减轻工人的劳动强度，降低项目返工和建造成本并且提高项目质量。首先，VR 技术能将建造过程中抽象的三维立体空间具象化地呈现在现实世界中，并以"人本视角"在虚拟建筑空间中体验与交互。其次，VR

技术改变了参与方之间传统的二维沟通渠道，建筑师可以使用全新的多维可交互的方式向业主进行设计思路的阐述。最后，通过模拟真实的工作场景，将系统的安全隐患知识体系与施工场景相结合，让工人在进场前就已具备操作经验，可以极大减小用工风险。作为国内最早一批布局 VR+ 建筑设计的公司，光辉城市以 VR / AR 等前沿技术为切入口，致力于借助先进科技生产力解决传统建筑行业痛点。从早前的 VR 样板间，解决房地产企业宣传和用户看房的实际需求；到 VR 内容生成平台 Smart+，帮助建筑设计师将 SU、3DMAX 等软件中的 3D 模型一键生成 VR 内容，任意漫游；再到革命性的 VR 建筑设计工具 Mars，开启 VR+ 建筑设计的新篇章。

（1）基于虚拟现实技术的建筑规划设计

设计人员利用 VR 技术可以可视、动态、全方位地展示建筑物所处的地理环境、建筑外貌、建筑内部构造和各种附属设施，使人们能够在一个虚拟环境中，甚至在未来建筑物中漫游。目前，VR 技术已成为建筑方案设计、装修效果展示、方案投标、方案论证及方案评审的有力工具（图 2.4）。ArXSolutions 公司已采用这一技术，与 360° 摄像头等设备相结合，完成了公寓楼的预建虚拟设计。2017 年，美国建筑公司 Laython Construction 为亚拉巴马州佛罗伦萨市设计医疗中心时，采用 VR 技术在设计和施工的关键阶段创建虚拟模型，最终节省约 25 万美元的施工费，同时节省了预算和设计变更的时间，加快了项目审批和施工进度。

图 2.4　VR 在设计阶段的应用
（图片来源：卫武资讯）

（2）基于虚拟现实技术的建筑施工管理

日本三谷与 SE4 公司联合开发了一套基于 VR 的远程操控机器人，旨在结合现场施工、BIM 等领域开发机器人远程操控技术，同时结合机器人技术、计算机视觉以及 VR 等相关技术来进行机器人的远程操控（图 2.5）。以安装空调为例，其需要进行事先打孔，这就需要进行实地测量。而结合机器人技术后，该系统通过 BIM 数据在虚拟建筑物标记打孔位置，就可以命令机器人进行打孔操作。而这套技术的优势在于并非全由机器人控制，可以通过人为操控，基于 VR 进行实时操控，使用方式更为灵活、系统。该方案可应用于建筑工地等场景。

（3）基于虚拟现实技术的建筑运维管理

在设施管理中，运维人员借助虚拟现实技术，根据建筑内部各系统中实际设施设备、管线和链路关系，搭建三维可视化的有向图数据模型，以对吊顶、地下部分等隐蔽工程和可见部位的状态进行实时检测，并进行快速维护管理（图 2.6）。目前，使用 HTC Vive 设备可快速查看设备的资产信息和状态，已被广泛应用于设备的装饰装修中以及房屋销售等领域。Yi-Kai Juan 等人提出使用 Lumion 6 和 Enscape 进行 VR 场景渲染，并与 Enscape 协作实现基于导航的行走，可以提高展示的效率，减少空间的认知差异，最大限度地激发客户的购买欲望。目前，建筑市场上涌现出大批的"VR 虚拟看房"（图 2.7）。例如，指挥家 VR 推出 5 款核心产品，涵盖线下沉浸式体验、线上便捷看房与跨地区市场拓展；贝壳找房推出"VR 看房、VR 讲房、VR 带看"三款核心产品，以优质的技术连接消费者和房源供给方，实现看房环节的线上化；无忧 VR 则推出"金融＋房地产＋VR"产品，实现购房前置，提前蓄客；昆明的融创文旅城已实现从单体房屋到区域全景的在线虚拟看房模式。

图 2.5　远程操控机器人
（图片来源：日本三谷公司）

图 2.6　VR 设备运维
（图片来源：达软）

图 2.7　VR 虚拟看房
（图片来源：融创）

2.7.3　增强现实技术

增强现实
技术AR

1）增强现实技术的定义

增强现实（Augmented Reality，AR）技术也被称为扩增技术，自 20 世纪 90 年代初波音公司的科学家考德尔和米泽尔提出"增强现实"一词，围绕"增强现实"这一特定的研究领域，已先后举办了增强现实问题国际研讨会和专题讨论会等。1994 年，Milgram P 和 Takemura H 提出"Reality-Vituality Continuum"（现实—虚拟现实连续体），将真实环境和虚拟环境分别作为连续体的两端（图 2.8），位于它们中间的被称为"混合实境（Mixed Reality）"，其中靠近真实环境的是增强现实（Augmented Reality），靠近虚拟环境的则是扩增虚境（Augmented Virtuality），并且从两个维度定义了"增强现实"，广义上是"增强自然反馈的操作与仿真的线索"，狭义上是"增强现实是虚拟现实的另一种形式，参与者通过透明的头盔式显示器清晰地看清现实世界"。

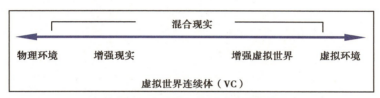

图 2.8　现实—虚拟现实连续体

（图片来源：P.Milgram，A. F. Kishino.（1994）. A Taxonomy of Mixed Reality Visual Displays）

1997 年，美国 HRL（Hughes Research Laboratories）实验室的学者 Ronald Azuma 指出增强现实技术是将虚拟环境和真实环境准确注册到一个三维环境，并利用附加的图片、文字等信息对真实世界进行增强，实现虚拟与现实的融合、实时交互的技术。

增强现实技术作为虚拟现实技术的衍生，是基于计算机技术，实现虚拟信息附加于真实世界，达到虚拟物体和真实环境实时叠加交互于同一场景的一种技术。该技术的"增强"是强调对真实环境的补充和扩张，而非完全取代真实环境，从而增进用户对真实世界的认知。

2）增强现实技术的主要特征

Ronald T. Azuma 向世人展示了一张图，图上同时拥有真正的桌子和真实的电话，以及虚拟的灯和虚拟的椅子，这些对象以 3D 的形式组合在一起，虚拟的灯覆盖着真实的桌子，真实的桌子覆盖着两把虚拟的椅子，完美诠释了 AR 的主要特征：虚实交融（Combines real and virtual）、实时交互（Interactive in real time）和三维注册（Registered in 3D）。

（1）虚实交融

虚实交融也称虚实结合，是将虚拟对象合成或叠加到真实世界，实现虚拟环境与真实环境的融合，强化真实而非完全按替代真实。用户可以在虚实融合的世界里更细致地观察内容，探索世界的奥妙。

（2）实时交互

实时交互是使用户进入虚实融合的环境后产生的一种具有"真实感"的复合视觉效果场景，该场景可以跟随真实环境的变化而改变，如虚拟对象可以同用户或真实对象以自然的方式交互，用户也可以通过实时操作、多感官信息的获取，体验情感交互与认知交互。

（3）三维注册

三维注册又称三维沉浸，是指利用用户在三维空间里的行为来调整计算机中的虚拟信息，使用户的心理和生理在虚拟世界中得到的认知体验与真实世界中的一模一样，甚至超越在真实空间的体验感。

3）增强现实技术的主要技术

增强现实技术作为虚拟现实技术的衍生，与虚拟现实技术在计算机图形学、计算机视觉和人机交互等方面具有高度的技术相似性。根据 AR 技术的主要特征，其核心技术包括虚实交融技术、人机交互技术和三维注册技术。

（1）虚实交融技术

虚实交融技术是将虚拟场景与真实环境的信息合成，实现三维虚拟模型与用户周边的真实世界相叠加、融合的一种技术。由于用户周边的真实场景会随着时间、地点的变化而不尽相同，如何从光照、遮挡、几何、材质等方面追求一致性，以实现三维虚拟场景的逼真感是目前虚实交融技术的重点关注问题。

（2）人机交互技术

人机交互技术使用交互设备（键盘、鼠标、触屏等）将用户的表情、姿势和语音等形态与虚拟环境交互，通过对人体形态信息的追踪注册以获取数据，并把数据反馈给计算机，实现最自然、最直观交互的技术。目前，该技术按交互设备类型，可以分为鼠标、标记卡、人手，以及头盔显示器等形式交互。

（3）三维注册技术

三维注册技术作为增强现实技术的核心技术，是指将真实世界中用户的行为信息反馈到计算机，以实现实时调整三维虚拟模型的增强信息，从而实现虚拟环境与真实环境的无缝对接。三维注册技术可分为基于传感器的注册技术、基于计算机视觉的注册技术和复合跟踪注册技术。布朗大学研制的 AR 外科手术培训平台就是借助传感器的实时性精准追踪搭建的增强现实系统。

4）增强现实技术的应用

随着科技的发展，增强现实越来越贴近人们的生活，其不仅成为近年来国外众多知名大学和研究机构的研究热点之一，而且在医学、娱乐、汽车、建筑等需要虚实结合的领域也发挥着不可替代的作用。

（1）增强现实技术在医学领域的应用

随着增强现实技术的逐步成熟，AR 技术正逐步向病患管理、医疗运营维护、检测诊断、治疗康复等环节渗透。众多科技初创公司正在将 AR 技术应用到手术中，通过数据化和 AR 技术，将传统的二维图像信息立体化，使医生的病患分析和手术治疗更加轻松精准。例如，以色列初创公司 Augmedics 开发了用于脊柱外科的 AR 头戴式显示器 xvision，该显示器可以在手术过程中为外科医生提供 X 射线视觉，从而让外科医生透过皮肤和组织看到患者体内的解剖结构，以便更轻松、迅速和安全地进行手术。

（2）增强现实技术在娱乐领域的应用

在游戏制作方面，增强现实技术打破了以往仅创造虚拟环境无法触碰现实物体的局限，基于 VR 游戏与现实场景开发不同次元的场景，带来了更强的真实性，不同地区的玩家也可以同时进入一个真实的自然场景，以虚拟替身的形式进行网络对战，从而增强用户体验感。2016 年 Nintendo（任天堂）、The Pokemon Company（口袋妖怪公司）和谷歌 Niantic Labs 公司联合制作了第一款 AR 手游——*Pokemon Go*，该游戏可以对现实世界中出现的宝可梦进行探索捕捉、战斗以及交换。

（3）增强现实技术在汽车领域的应用

随着现代化信息科技公司进军汽车工业相关领域，很多汽车生产厂商开始将 AR 技术应用于升级汽车设计制造、提高契合道路驾驶安全性能、拓宽汽车销售市场、提高汽车售后服务等方面。目前，AR 技术已贯穿于汽车产业的“设计—生产—销售—使用—售后”等各个环节。2017 年初，Harman、Continental 和 Visteon 这 3 家公司相继推出了 AR 技术在汽车上的相关应用，例如在 Vistenon 公司新推出的增强现实系统上实现了对复杂交通环境中各类障碍物的预测，以及将危险信号投影到驾驶员视野范围内的挡风玻璃区。

（4）增强现实技术在建筑领域的应用

增强现实技术是指将相应的数字信息植入虚拟现实世界界面的技术，有力填补了建筑业向数字化、信息化迈进中对可视化管理平台缺失的问题。从有效性角度分析，AR 技术在提高生产效率、缩短工作时间、减少操作失误等方面，极大地改进了工程活动；从可用性角度分析，用户使用 AR 进行交流和决策时，更加方便和舒适。

①基于增强现实技术的建筑设计仿真。

在 2016 年的威尼斯建筑双年展上，建筑师 Greg Lynn 利用微软 HoloLens 让加工商和制造商用数字传真机代替图纸、激光和卷尺设计（图 2.9）。如果说 Hololens 的技术相对于普通的建筑设计来说太遥远的话，那么结合 BIM 的建模识别，可以实现 AR 从概念走向实用。Patrick Dallasega 等将 BIM 与 HoloLens 的 AR 技术、Oculus 的 VR 技术相结合，极大地改善了项目参与者的时空取向，优化关键绩效指标。在修复被第二次世界大战损毁的奥地利教堂尖顶时，奥地利 Wikitude 公司借助“AR+BIM”开发出 Wikitude SDK，即首先利用 BIM 软件对教堂进行建模，然后使用 AR 技术实现手持设备对教堂的缺损部分识别，并进行补缺，最后真实还原出了教堂的原有风貌。

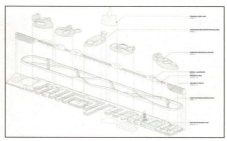

图 2.9 Greg Lynn 在使用 AR 技术建模
（图片来源：设计中国）

②基于增强现实技术的建筑施工。

为了减少返工，Paracosm 创始人兼首席执行官 Amir Rubin 将 AR 技术引入施工过程并开发出了 SLAM 系统，建筑工人利用这种 3D 现实捕捉技术实时绘制施工实景，进而将实景数据与设计的 BIM 模型进行对比，同时对项目进展情况进行可视化分析判断，检测是否存在不合理的施工问题等（图 2.10）。Golparvafard 等提出了一种自动进行进度监测的 AR 系统，并提供了一个彩色编码覆盖层，用以轻松识别施工现场的进度、进度或进度落后的部分。AR 技术除了可以应用于进度把控方面，还可以被广泛运用于识别危险、进行安全检查等方面，以提供更安全的工作环境。在风险识别方面，Pham 等开发了一个 AR 系统，支持对施工现场的危险理解和识别。为了进一步改善传统纸质图纸或 3D 建模的沟通方式，Park 和 Kim 提出了 AR 框架，使工人能够改进现场安全风险的识别，并增强施工经理和工人之间的实时沟通。此外，一些研究人员专注于改善界面，为检查员提供良好解释的信息。目前，这一技术已被广泛应用于中建三局的施工管理，由 Yeh 等开发的 i 头盔，允许视察员在现场输入当前位置，并通过 AR 显示器自动检索相关安全信息。

③基于增强现实技术的建筑运维管理。

早在 1996 年，Webster 就将 AR 技术应用于建筑施工、检查和维修中，展示了其教学指导作用（图 2.11）。在实景导览方面，AR 技术的应用使维修人员摆脱了纸质地图，仅需举起手机就可以浏览需维护点和活动位置的具体信息，Javier 等研发的 InfoSPOT 系统采用安装便捷、价格低廉的增强现实设备，为设施运营者提供了所维护设备的运行现状，以增强决策的可靠度。胡攀辉等则利用 AR 辅助全装修房系统，为买卖双方提供信息沟通的三维增强现实平台，开发商利用这种可加载信息的浸入式环境，可以展示楼盘整体效果、室内装修设计效果和供购房者选择的装修方案。

图 2.10　Paracosm 技术在建筑施工中的应用
（图片来源：VR 网）

图 2.11　AR 在施工风险识别方面的应用
（图片来源：中建三局）

AR 技术与 RFID、Zigbee、红外和超声波等室内定位技术相结合，可以查看建筑内部隐蔽部位的信息，目前该技术已被用于电梯的维护和检修中。全球知名的电梯厂商 Thyssen Krupp 基于微软 Holo Lens 开发了一个专门针对企业的"BIM+MR"运维检修管理系统，将电梯运行的设备数据联网，并在 MR 端显示出来，指导现场维修人员，大大提高了维修效率（图 2.12）。此外，AR 技术还被用于复杂装备的维修场景，例如培训设备维修专业人员、设备应急演练和机器人远程维修设备等。

图 2.12　BIM+MR 运维检修管理系统在电梯维修中的应用
（图片来源：蒂森克虏伯公司）

▶ 2.7.4　建筑信息模型（BIM）与工程仿真技术

建筑信息模型的概念最早起源于 20 世纪 70 年代的美国。佐治亚理工学院的查克·伊士曼（Chuck Eastman）教授被誉为"BIM 之父"，于 1975 年提出了一个被称作"Building Description Eastman"（建筑描述系统，BDS）的工作模式，成为 BIM 的雏形。对于 BIM 的定义，不同研究人员侧重点略有不同，目前相对完整且认可度较高的是美国国家 BIM 标准（National Building Information Modeling Standard，NBIMS）的定义：BIM 是设施（建设项目）物理和功能特性的数字表达；BIM 是一个共享的知识资源，是一个分享有关这个设施的信息，为该设施从概念设计到拆除的全寿命周期中的所有决策提供可靠依据的过程；在项目不同阶段，不同利益相关方通过在 BIM 中插入、提取、更新和修改信息，以支持和反映各自职责的协同作业。

BIM 技术共包含 3 个关键词，其中信息（Information）是核心，模型（Modeling）是载体，建筑（Building）是对象，即通过数字化手段为模型创建与实际情况对应的建筑工程信息库。信息库中包括建筑物每一构件的空间属性、几何尺寸等基本物理信息，还包括构件的材料、生产厂家、价格等其他信息，多维度数据为工程管理提供决策依据。以虚拟三维模型为载体，项目各参与方向模型中载入进度、成本、质量、材料等信息，以实现各管理部门的工作协同与信息共享，使数据能及时响应时空维度的变化，包含建筑工程信息的三维模型可大大提高建筑工程的信息化集成能力，也为项目各参与方提供了信息流转、交换和共享的平台。简而言之，BIM 技术是一种应用于建筑工程全生命周期的可视化工具，涵盖设计、建造、运维等主要阶段。通过对建筑项目信息的有效集成和整合，可以使项目参与方实现共享、传递和添加数据等操作，从而保证工程基础数据能及时、准确地提供，为设计、施工、运维等各方建设主体提供协同工作的基础，提高决策的时效性和有效性。

1）BIM 技术的特征

BIM 技术为建筑业的发展带来了巨大变革，尤其是生产方式的转变。通过信息模型实现无障碍、无损耗的信息传递，可为生产活动和管理决策提供依据和保障。结合 BIM 的定义可知，BIM 技术具有下述 6 大特征。

（1）操作的可视化

三维模型是 BIM 的基本表现形式，因此可视化是 BIM 最明显的特征。传统的 CAD 技术只能绘制 2D 平面图纸，为了给非专业人士增加可读性，会配合少量外立面的 3D 渲染效果图。而 BIM 技术可将建筑、结构、暖通、给排水等各专业的平面图纸整合到一个三维数字模型中，使得建筑各部分的结构关系以可视化的形式直接呈现，很大程度上提高了建设工程各参与方的沟通效率，有利于减少工程变更。

（2）信息的完备性

在 BIM 技术下的 3D 模型中，除了各建筑构件的几何尺寸信息之外，还包括完整的工程信息，如对象名称、结构类型、建筑材料、工程性能等设计信息；施工工序、进度、成本、质量以及人力、机械、材料资源等施工信息；工程安全性能、材料耐久性能等维护信息；对象之间的工程逻辑关系等。

（3）信息的关联性

信息模型中的对象都是可操作且互相关联的，如果某个对象发生变化，与之关联的所有对象都会随之改变，并自动更新，以保证模型各部分的逻辑关系不变。关联性主要体现在两个方面：一是模型各部分构件的关联，如门窗洞口是开在墙上的，如果把墙平移，那么墙上的门窗也会随之平移；如果将墙删除，那么墙上的门窗也会相应地被删除，不会出现门窗悬空的情况。二是模型与信息数据库的关联，无论是在平面图、立面图上，还是在剖面图上对模型进行修改，数据库中相应的信息也会同步修改，并在关联的视图或图表中更新呈现。

（4）信息的一致性

在建筑全生命周期中，每项信息只需在模型里一次性采集或输入，即可实现建设项目不同阶段的信息一致，并进行共享、流通和交互，避免了对数据的重复录入，有利于提高生产效率。同时，信息模型还能够进行自动演化，可以在不同阶段对模型对象进行简单的修改和扩展，从而降低出现信息不一致的概率。

（5）信息的动态性

BIM 可对建设项目全生命周期进行管理，涵盖设计、施工、运维等各个阶段，其间信息模型可以随着项目的建设进度进行动态输入和输出，并自动演化。在建设过程中可以根据实际情况不断完善、优化模型，进行动态调整，从而为项目管理和决策提供及时可靠的信息基础。

（6）信息的可扩展性

BIM 模型可将各专业图纸整合为一体，并贯穿项目全生命周期，因此涉及众多不同阶段、不同主体的人员。他们对模型深度与信息深度的需求各不相同，往往会在建设过程中不断修改模型，增减部分信息。通常，人们把不同阶段的模型和信息的深度称为"模型深度等级"（level of detail，LOD），包括 5 个级别，分别为 LOD 100、LOD 200、LOD 300、LOD 400 和 LOD 500。

2）BIM 技术与智慧建造的关系

BIM 是以三维数字技术为基础,集成了建筑工程项目全生命周期信息的工程数据模型,其核心是数据信息。通过对工程项目设施实体与功能特性的数字化表达,形成完善的 BIM 信息模型,可以连接建筑项目全生命周期中不同阶段、不同利益相关方的数据、过程和资源。与其他广泛应用于社会生产各个领域的信息技术不同,BIM 是建筑领域初探信息化的重要成果,也具备特有的信息化优势,其可视化、完备性、关联性、一致性、动态性、可扩展性等特征可以让建设工程项目的生产和管理更加高效和精益求精。

智慧建造是利用新一代信息化技术进行建设管理作业的新型生产方式,其中数据信息是技术应用基础。以 BIM 为支撑,并将其作为应用集成和多元数据融合的载体,在云平台中结合大数据、区块链、虚拟现实、增强现实、3D 打印、物联网和人工智能等技术(图 2.13),打造"BIM+"智慧建造生态,持续改进和提升管理模式,使工程建设过程更加可视、可测、可控、可管,是实现智慧建造的重要解决方案。在建设过程数字化、云端化、智慧化的进程中,BIM 是最底层的技术支撑,为虚拟现实、增强现实、3D 打印等可视化手段提供模型基础,为大数据、区块链、人工智能等数据分析、处理手段提供数据保障,为物联网提供物理世界与数字世界的连接通道。信息化技术需要与 BIM 融合,形成"BIM+"的智慧建造模式,从而支撑建设工程生产方式变革的技术需要。

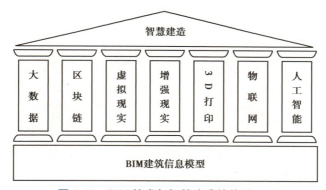

图 2.13　BIM 技术与智慧建造的关系

思考题

1. 简述大数据技术、区块链技术、3D 打印技术的定义。
2. 工程大数据包括哪些内容？有何特点？
3. 虚拟现实技术与增强现实技术有何区别？试比较二者在建筑领域应用的优势与劣势。
4. 物联网技术的应用场景对建筑业有哪些参考意义？
5. 如何实现人工智能技术在建筑全生命周期中的广泛应用？
6. 简述 BIM 技术在建筑领域应用的场景及实现路径。
7. 前沿信息技术在建筑领域的应用将为建筑业带来哪些变革？

第**3**章

智慧设计

3.1 概述

工程设计是工程建设活动的决定性环节，是设计师发挥想象力、创造力，运用科学知识和工程技术资源，在工程环境、技术、经济、资源综合认知分析的基础上，从功能、外观、结构、材料、施工工艺等方面对工程建造预期成果进行有目标的论证、表达、计划并提供相关服务的过程，为工程建造众多参与主体的配合协作提供依据，保证整个工程建造任务能够在各种现实约束条件下顺利进行，并最终交付满足用户需要的工程产品。

工程设计通常包括方案设计、初步设计、施工图设计、施工图深化设计等。工程设计的智慧化是随着现代化信息技术的发展，对设计工具、设计方法、设计思维等带来的数字化、信息化和智慧化的升级与变革。

自画法几何理论建立以来，建筑工程设计的理念、方法、工具、信息特征都经历了几代发展。尤其是第三次工业革命后，以 CAD（Computer Aided Design）为代表的信息技术推动了工程设计的数字化，以 BIM 为代表的信息技术促进了工程设计向多维数字化建模转变，为基于模型定义（Model Based Definition，MBD）的工程产品奠定了基础，以算法为特征的生成式设计（Generative Design）技术有效地解决了非线性建筑产品的设计问题，为建筑设计开辟了新的方向，是对智慧设计的积极探索。

本章探讨了建筑工程设计的发展历程，重点介绍了几种工程设计工具、设计思维、设计方法，从传统建筑设计的二维图样设计、计算机辅助设计、基于模型的产品定义（MBD）设计、参数化设计和生成式设计技术，分析了技术发展为工程界带来的革命性影响。

3.2　建筑设计工具的数字化

▶ 3.2.1　二维图样设计

工程设计需要给出一个具象的产品，建筑作为一个三维实体，仅文字承载设计信息具有局限性，需要通过某种方式准确且无歧义地降维表达在二维图纸上。1795 年，法国科学家加斯帕尔·蒙日（Gaspard Monge）创建了基于二维图纸的工程语言，系统性地提出了以投影几何为主线的画法几何学，是以长和宽的二维空间为载体，从立面、平面、剖面和设计说明等角度对三维的构筑物进行直观形象的表达。随着画法几何的诞生，工程界开始强调以"平、立、剖"为核心的规范化、唯一化的图样绘制和表达，二维工程图样也逐渐成为设计阶段建筑产品定义的第一代语言。工程图样成为工程师进行信息交流的主要符号系统，工程图纸是图样的物质载体，因此，图纸也被形象地称为"工程师的语言"。

在信息技术普及之前，无论是工业设计还是工程设计，都采用手工绘制二维图纸的方法，主要绘图工具是铅笔、直尺、图板等基本工具。

建筑设计的二维图样主要通过正投影法和三视图的方式对三维建筑物进行表达，这种降维表达的缺陷是显而易见的。第一，二维图样的绘制和解读均需进行专门训练，要求工程人员具有良好的空间想象能力。第二，设计师在进行建筑设计时，首先涌现在脑海里的是三维实体而不是二维图样，通常还需要手工缩尺建筑模型进行辅助，但为了进行工程信息的交流和传递，仍需将建筑物"降维"表达为二维图样。在施工阶段，现场施工人员又将二维图样进行"升维"施工，如图 3.1 所示。这种"设计降维，施工升维"的转换过程不可避免地会出现设计信息表达不清和误解的问题。第三，图纸的再利用性很差。

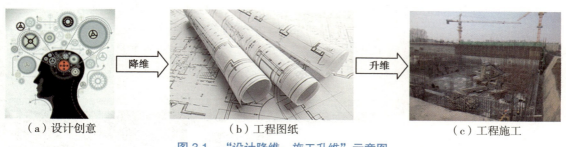

（a）设计创意　　　　　　（b）工程图纸　　　　　　（c）工程施工

图 3.1　"设计降维，施工升维"示意图

为了符合人类的视觉习惯，形象逼真地在二维图纸上表达三维建筑物，人们又发明了轴测图。作为二维图样的辅助图样，轴测图可以帮助人们想象建筑物的形状，培养空间构思能力，如图 3.2 所示。

二维图样设计已经统治建设工程领域长达两百余年。迄今为止，二维图样设计依然是主流设计方法之一，晒印的蓝图仍是设计信息的主要载体。

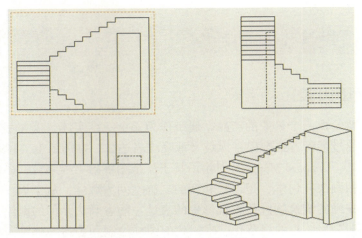

图 3.2　建筑三视图与轴测图示意

▶　**3.2.2　计算机辅助设计**

1）计算机辅助二维设计

20 世纪 60 年代出现了计算机辅助设计（CAD），即利用计算机及其图形设备帮助设计人员进行设计工作，这项设计技术开始替代手工绘图，使设计工作甩开图板变成了可能。1962 年，"计算机图形学之父"Ivan E.Sutherland 在其博士论文 *Sketchpad：A Man Machine Graphical Communication System* 中首次提出"计算机图形学"这个术语，并提出了"交互技术""分层存储符号的数据结构"等基本概念，奠定了交互式计算机图形学的基础。20 世纪 60 年代后期，功能实用的 CAD 系统开始出现，例如洛克希德飞机制造公司的 CADAM 系统、通用汽车公司的 DAC-1 系统等，CAD 逐渐被许多企业所接受，从而形成了产业。

基于 CAD 技术的二维图样逐渐取代手工绘制图样，成为工程表达的标准方式，形成了工程界的第二代语言。CAD 技术将工程图纸这类信息载体转换为相应的 CAD 文件，实现了手工绘图的计算机化，甩掉了沿用两百余年的图板、丁字尺等绘图工具，如图 3.3 所示，提高了绘图效率和图纸的再利用性。

（a）手工绘图

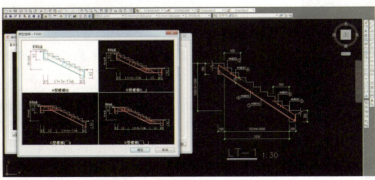

（b）CAD 绘图

图 3.3　手工绘图与 CAD 绘图

2）基于模型的产品定义（MCD）设计

20 世纪 80 年代，随着 CAD 设计平台的不断完善，冲破二维图纸设计的局限性，三维建模技术开始发展，工程产品的设计工具进入"以二维工程图为主，三维模型为辅"的阶段。建筑产品设计突破了传统意义上的"只有长宽两种尺度"，可以从更全面的三维空间视觉上获取建筑设计的信息数据，三维模型成为建筑设计的主导方法。计算机实现了采用基本的体素（Primitives）来精确构造建筑产品的几何形态、用三维模型清晰表达产品的物理信息。1975 年，Chuck Eastman 提出"建筑描述系统"（Building Description System，BDS）概念，主张在设计中采用三维一体化的方式来描述建筑物；20 世纪 80 年代初，匈牙利 Graphisoft 公司提出"虚拟建筑"（Virtual Building，VB）概念，并以之为指导，开发了 Archi CAD 系列软件，实现了三维建模。但是对于工程建造领域的实践而言，这一阶段的三维应用并未形成大规模普及。

在制造业中，工程模型化始终走在了工程建造领域的前面。实际上，在 20 世纪 80 年代初，随着计算机技术在工程设计和生产综合效率方面的提升和需求，除了在设计过程中利用 CAD 开展设计工作，在生产过程中还出现了计算机辅助工程（Computer Aided Engineering，CAE）、计算机辅助工艺规划（Computer Aided Process Planning，CAPP）、计算机辅助制造体系（Computer Aided Manufacturing，CAM）等方面的工作。例如，面向产品生产过程，工艺设计人员可以利用相关软件进行工艺方案设计、计算机辅助工艺规划，如工程建造中的施工深化设计；在某些机械化、自动化程度较高的工艺环节，将相关设计工艺转化为数控指令集合，直接驱动机械设备按设计工艺进行高效率自动化生产，发展形成了计算机辅助制造体系。

计算机技术促使工程师思考如何将产品设计和产品生产阶段集成起来，挖掘计算机集成技术在工程分析、辅助生产、组织管理方面的巨大应用价值。随着各种专业应用技术体系逐渐成熟，制造业行业的需求不再满足三维模型所表达的几何尺寸，开始探索如何将各种信息与产品设计三维模型进行协同和集成，打通业务线之间的信息壁垒，满足产品设计和管理之间的数据关联，于是提出了一种新的设计方式——"基于模型的产品定义（MBD）"设计。

基于模型的产品定义（MBD），即充分利用三维模型本身的直观表现力，探索新的设计表达方式，将产品几何、材质、性能、生产工艺等相关信息有序地集成到三维模型中，实现异构信息的同构化，既能完整、直观地反映产品全貌，又能针对不同的应用业务主体准确交付合适的信息，为产品设计信息的高效利用奠定基础。这一方式的出现，实现了画法几何向基于模型定义的转变，加快了对产品三维乃至多维的认知。

MBD 并不是工程相关信息的简单堆砌，而是强调将所有需要定义的产品信息，按模型化方式进行组织，其中不仅有描述产品几何形状的基本信息，还包含材料性能、工艺描述、技术规范、质量要求等多方面的属性信息，由此形成基于模型的产品定义数据集合。这些数据集合来自或服务于 CAD / CAE / CAPP / CAM 各种计算机辅助系统的各个维度工作，形成产品的数据模型（Product Data Model，PDM），据此管理人员可以进一步生成物料清单（Bill of Material，OM），制订生产资源计划（Manufacture Resource Planning，MRP）和企业资源计划（Enterprise Resource Planning，ERP），实现企业与企业之间协作的供应链管理

（Supply Chain Management，SCM）。这种设计方式是制造业之所以能快速向数字化、智能化转型的关键基础，在工程建设领域中，基于 MBD 的设计方式还尚未完全实现，这也是智慧建造需要迅速追赶的方向。

在建设工程领域中，基于 MBD 设计理念的一个技术就是建筑信息模型（Building Information Modeling，BIM）。BIM 最初发源于 20 世纪 70 年代的美国，由美国佐治亚理工学院建筑与计算机学院的 Chuck Eastman 提出。他将 BIM 定义为 "Building information modeling integrates all of the geometrics and capabilities, and piece behavior information into a single interrelated description of a building project over its lifecycle. It also includes process information dealing with construction schedules and fabrication processes." （建筑信息建模是将一个建筑建设项目在整个生命周期内的所有几何特性、功能要求与构件的性能信息，综合到一个单一的模型中。这个单一模型的信息中还包括了施工进度、建造过程的过程控制信息等）。

BIM 技术从根本上改变了长达两百余年的二维图样设计思路，突破了正投影法和三视图的表达方式，形成了建筑工程界的第三代语言。BIM 技术将各专业的 CAD 文件融合为信息模型，如图 3.4 所示，实现了工程设计、计量计价、施工装配、运营维护等信息高度集成、协同和融合，建立了多维数字化设计、施工、运维一体化集成体系。BIM 实现了三维核心建模和多维信息集成，也彻底解决了"设计降维，施工升维"的问题，避免了建筑各专业之间的设计冲突，实现了建设各参与方之间的设计信息互用。

图 3.4　BIM 模型（Revit）示意图

基于 BIM 的设计具备了"基于模型的产品定义（MBD）"的数字化特征，能支撑多维度、多阶段的信息集成，但目前建筑产品的设计与生产之间的数据信息互通还没有完全实现，当前智慧建造急需突破的就是形成面向建筑产品的"基于模型的产品定义"的思路，面向建筑设计需求、产品生产工艺、施工工艺集成化的展开设计工作。

从传统二维设计到 MBD 设计，建筑设计的理念、工具和方法都在不断地发生转变，同时随着信息化手段不断进步，建设设计思维和工具也在发展变化（表 3.1）。其中，参数化设计和生成式设计将在第 3.3 小节中进行介绍。

表 3.1　建筑设计的发展变化表

设计思维	理论基础	设计方法	设计图样工具	设计图样信息		
				表达方式	维　度	信息载体
传统建筑设计	画法几何	手工建筑模型辅助设计、二维图样设计	铅笔、圆规、丁字尺、图板等	基于正投影法的三视图、轴测图	二维	工程图纸，如白纸、硫酸纸等
	交互式计算机图形学	计算机辅助设计、二维图样设计	CAD 软件，如 AutoCAD、Microstation 等	基于正投影法的三视图、轴测图	二维	CAD 文件，如 DWG 格式文件、DGN 格式文件等
基于模型定义（MBD）的建筑设计	建筑信息模型	三维模型设计、基于模型的参数化设计	BIM 软件，如 Revit、ArchiCAD 等	BIM 三维模型	三—N 维	BIM 文件，如 RVT 格式文件、PLN 格式文件等
	建筑信息模型、人工智能	基于算法的生成式设计	脚本插件，如 Rhino Grasshopper 插件、Microstation Generative Component 插件	基于算法的三维模型	三—N 维	Rhino 平台的文件格式，如 3DM 格式文件、DGN 格式文件等

3.3　工程数字化设计方法

从计算辅助技术再到基于模型的产品定义设计的技术发展进程中，随着产品信息的多元化、产品实施的复杂性等特征越来越明显，物理信息、技术信息、管理信息的交互错综复杂，人们试图在各个时期的设计工具中去寻找更为快捷的、智能的设计方法，以提高设计效率、创造更多设计的可能性。其中，参数化设计和生成式设计就初见了设计智慧化的理念。

▶ 3.3.1　参数化设计

参数化设计（Parametric Design）是一个含义较为多元和广泛的设计术语。在机械工程和计算机辅助制造等领域，参数化设计也称为变量化设计（Variational Design），是指通过定义参数的类型、内容并通过制订逻辑算法来进行运算、找形以及建造的设计控制过程。20 世纪 80 年代，在产品柔性要求和设计信息重用的背景下，参数化设计方法由美国麻省理工学院 David Gossard 教授提出，它具有全尺寸约束、全数据相关、尺寸驱动修改等特征，提高了模型的交互性和可编辑性，是技术的一场革命。参数化建模是参数化设计的初级形式，是用专业知识和规则来确定几何参数和约束的一套建模方法，有如下特点：

①参数化对象是有专业性或行业性的，例如门、窗、墙等，而不是纯粹的几何图元。

②参数化对象的参数是由行业知识来驱动的，例如，门窗必须放在墙里面，钢筋必须放在混凝土里面，梁必须有支撑等。

③行业知识表现为建筑对象的行为，即建筑对象对内部或外部刺激的反应，例如层高变化楼梯的踏步数量自动变化等。

④参数化对象对行业知识广度和深度的反应模仿能力决定了参数化对象的智能化程度，也就是参数化建模系统的参数化程度。

在建筑设计领域，参数化设计的概念最早可追溯到意大利建筑师 Luigi Moretti 于 1940 年代所构想的词汇"Architettura Parametrica"。Luigi 于 1940 至 1942 年在没有计算机的辅助下，着重研究了建筑设计与参数等式（parametric equations）之间的关系，并最终于 1960 年在 610 IBM 计算机的辅助下，于第 12 届米兰三年展（Triennale di Milano）上，展示了一系列他以参数化设计方式生成的体育馆模型。通过建筑师同时也是现在主持巴塞罗那圣家族大教堂续建工作的 Mark Burry 的分析，我们可以看到大教堂的设计师 Antoni Gaudi 可能也在大教堂的设计中采用了参数化设计的思想，即通过设计和计算参数来控制设计形体的产生方式而非直接设计建筑的形体。虽然当下参数化设计的理念与 1940 年 Moretti 时期相比并没有太多本质性的不同，但依然可以看到不同学者对其有各自不同的关注重点。英国卡迪夫大学建筑学教授 Wassim Jabi 将参数化设计定义为"A process based on algorithmic thinking that enables the expression of parameters and rules that, together, define, encode and clarify the relationship between design intent and design response"（一种基于算法思考的能将参数和规则一起用于定义、编码和解释设计动机和设计回应的过程）。新加坡国立大学建筑学教授 Patrick Janssen 则将其定义为"an algorithm that generates models consisting of geometry and attributes（e.g. material definitions）. This algorithm uses functions and variables, including both dependent and independent variables."［一种通过函数和使用自变量与因变量来生成同时包含几何形态和属性（例如使用何种材料）的建筑模型的算法过程］。同时，我们应当注意到，正如扎哈·哈迪德（Zaha Hadid）建筑设计事务所首席设计师和建筑理论家 Patrik Schumacher 指出的那样，参数化设计可能既是一种继现代主义（Modernism）后的一种新的建筑设计风格（Parametricism），同时也是一种通过复杂计算来聚焦和处理现实世界中的社会和环境问题的建筑思考方式。

需要指出的是，在大多数宽泛的定义下，参数化设计与计算机辅助设计或者是参数化建模（parametric modeling）并没有进行严格的区分。因此，在不同的软件平台上，参数化设计可能指代的是不同的软件功能和包含不同的设计思想。成熟的 CAD 商业软件平台，如 AutoCAD 的"块"、Microstation 的"单元"，都提供了实现参数化设计的功能。在建筑各专业中，早期的参数化设计只能实现一些单向功能，例如用户只需输入几个参数（如高度、宽度、型号等），程序就可以自动生成这个对象的平面图、立面图、剖面图等。随着计算机软硬件技术的进步和 CAD 软件的普及，建筑各专业内部的参数化设计已形成雏形，能够实现参数化绘制、一体化计算、工程量统计等功能。BIM 设计工具，如 Revit、ArchiCAD 等，同样具有参数化设计的基本功能，可实现由参数定义的、互动关联的建筑构件设计，如图 3.5

所示。这种面向普适性设计工具的参数化设计可称为基于模型的参数化设计，其建筑模型是线性的、规则的。

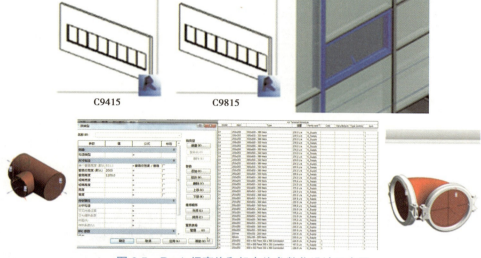

图 3.5　Revit 门窗族和机电族参数化设计示意图

随着基于模型定义（MBD）的设计与参数化设计的融合，设计师已经可以在建筑全生命周期对设计形态、性能进行参数化调整和控制，如参数化设计在非线性建筑的内外空间的交互设计、外表皮参数化设计、设备管线的优化设计等。

参数化设计的出现，在一定程度上解放了设计师的双手，对于工程设计的不合理之处，设计人员仅需调节模型参数，如图 3.6 所示，便可以快速修改设计方案，使设计师的创作

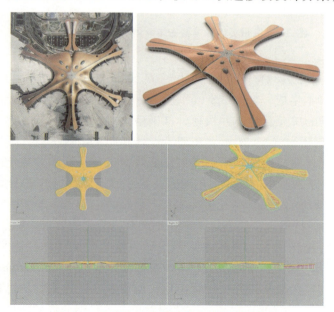

北京大兴
机场

图 3.6　北京大兴机场的参数化建模示意图
（图片来源：法国 ADP Ingenierie 建筑事务所和扎哈·哈迪德工作室）

思维不再束缚于传统设计的局限，甚至可以实现更具创造力和想象性的设计作品。例如，建筑大师扎哈·哈迪德及团队设计的很多知名建筑采用的都是参数化设计，小库科技以ABCC(AI-DRIVEN BIM on Cloud AI 驱动的云端建筑信息模型）为底层语言，通过数据、模型与规则的联动，把繁杂重复的脏活累活交给机器完成和生产，让人来更多地做决策，更好打通连接建筑产业链的前端到后端，促进上下游机构的信息共享与协同，在深圳湾的生态科技城和三一筑工的"空间灵动家"等项目中的参数化设计，极大地解放了设计师双手，利用设计参数驱动项目运行。如北京大兴国际机场、南京青奥中心等项目。

杭州奥体博览城主体育场是参数化设计应用的典型案例，该项目建筑面积22万 m^2，建筑高度60 m，设有8万个座席。体育场整体采用"荷"的设计理念，通过编织的概念，将原本生硬的结构骨架转化为呼应场地曲线的柔美形态，再以一种秩序将这些体态轻盈的结构系统编织起来，最终形成了体育场的主体造型，使人群行走在其中时，能够享受到一种既震撼又轻盈的空间体验，如图3.7 所示。

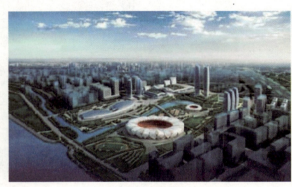

（a）鸟瞰图　　　　　　　　　　　　　　　　（b）内部编织的结构

图3.7　杭州奥体博览城主体育场的参数化设计（1）
（图片来源：CCDI 中建国际设计顾问有限公司）

体育场的整个罩棚形体与结构都由建筑设计软件 Rhino 中的参数化设计工具Grasshopper 编写的脚本生成，如图3.8（a）所示。在设计方案初期，设计师通过参数调整单元形体及整个罩棚的单元数量，并快速、准确地生成一系列比选方案，使建筑师可以做出更准确的决定，如图3.8（b）所示。在初步设计和施工阶段，设计师进一步优化脚本，以减少单元种类、优化曲面曲率。借助参数化工具，进行不断的参数化研究，将罩棚体量从自由曲面优化为一系列基本曲面单元的组合，最终确定体育场的罩棚由 14 组"花瓣"单元构成，如图3.8（c）所示，每个单元包括 3 个三维曲面。其中外侧的两个曲面为镜像关系，既实现了柔美轻盈的设计概念，又满足了工业生产对标准化的要求，如图3.8（d）所示。

作为体育场核心结构的看台采用参数化设计方法，按照《体育建筑设计规范》（JGJ 31—2003）要求，并部分参照 *Guide to Safety at Sports Grounds*（*fifth edition*）进行看台设计，将视线计算的过程利用参数化设计软件程序化，使得看台设计调整的过程直观可见、方便可控。在 Grasshopper 中设置好影响看台设计的参数（包括中心场地轮廓、视点选择、出入口数量、看台层数、每层看台起始位置、排数、排距、C 值等），按照一定的流程运算，得到看台平面、剖面及三维模型如图 3.9 所示。然后再综合整个体育场的空间造型及剖面关系，进而判断之前的哪些参数需要调整以使看台设计达到最佳效果。由于减少了绘图及视线计算等中间过程中的大量重复性工作，"电脑"代替了"人脑"，使设计更加高效、直观。

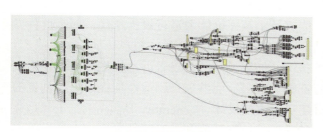

（a）GRASSHOPPER 脚本 -NBBJ

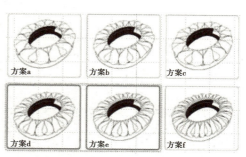

（b）利用参数化方法快速形成多方案比较

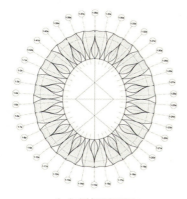

（c）罩棚平面图

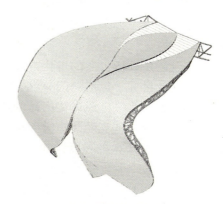

（d）罩棚单元构成

图 3.8　杭州奥体博览城主体育场的参数化设计（2）
（图片来源：CCDI 中建国际设计顾问有限公司）

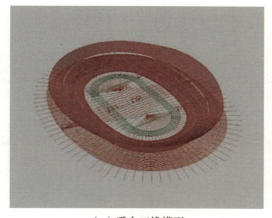

（a）看台三维模型

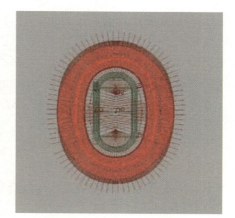

（b）看台平面轮廓

图 3.9　杭州奥体博览城主体育场的参数化设计（3）
（图片来源：CCDI 中建国际设计顾问有限公司）

▶ 3.3.2 生成式设计

在传统计算机辅助设计中，工程设计的创意主要来自设计师本人，计算机是一个辅助的角色，设计师在进行设计工作时，计算机只是记录设计师脑海中的构想；参数化建模则将设计师从烦琐的计算和绘图中解放了出来；而生成式设计在此基础上更进一步地解放了设计师的思维，它可以说是参数化设计的一种高级形态。只要在参数化设计中引入评价体系（evaluation）并能够基于该评价体系进行设计迭代，那么这种参数化设计就是生成式设计。

如何在设计过程中更有效地使用计算机呢？如果设计师可以告诉计算机您想要什么或需要什么，会怎么样？它能为设计师创建选择方案吗？能够独自创造性地提出设计创意的计算机是"生成式设计"的核心。计算机建筑生成式设计（Generative Design），主要是通过构建一系列设计规则和算法，充分发挥计算机的计算智能和自身逻辑来生成大量设计方案，再由设计师的测试、分析与筛选中，选取空间合理、高效且易建造的设计方案。这种方法的计算机有着"类人"的思考，它会探索可能的解决方案，而很多解决方案可能是人类从未想到过的。

生成式设计是模仿自然的进化方法，设计师基于数字化制造、协议、规则以及用户深度参与，将设计目标（包括功能要求、材料类型、制造方法、性能标准和成本限制）以及模型参数输入计算机以生成设计产品的过程。其最大的优势在于为用户提供参与产品设计的契机，传统的设计是"设计师的创意灵感 + 一台计算机 = 一份图纸中的设计方案"，而生成式设计则是由计算机和设计师 / 工程师合作创造的，即"数据录入 + 人工智能算法 + 计算机算力 = 数据库中数以千计的设计方案"。

生成式设计以代码使用为基础，偏向算法设计，是一种具有人工智能特征的设计方法。常用算法包括遗传算法（Genetic Algorithms，GA）、人工神经网络（Artificial Neural Network，ANN）等。基于遗传算法的生成式设计思想类似于自然世界中达尔文所描述的物种进化过程，即不断增强有利于当前环境的要素和不断淘汰不利于当前环境的要素。通过设置一个或多个可计算的设计目标，计算机将不断调整不同的设计参数以取得最高的设计目标分数来最终达到类似于设计方案"优胜劣汰"的结果。基于人工神经网络的生成式设计思想类似于教授计算机学习设计师设计的过程，即通过让计算机反复学习大量的已有设计案例最终实现当计算机遭遇新情景时能通过已学习的案例自主设计出基于过去经验的新的设计方案。需要指出的是，这两种算法针对不同情景各有优劣，需要设计师针对具体的实际案例和设计条件作出判断。

生成式设计的基本原理是设计师需要考虑多维度设计空间的评估标准，利用多目标优化算法生成一系列设计方案，并通过每个维度的评价标准筛选更合适的方案。在软件工具的支撑下，生成式设计的基本流程如图 3.10 所示：

①设计师根据重量、成本、材料，体积和强度等约束条件输入要求。

②计算机使用算法和人工智能生成数千种设计，同时对每种设计进行性能分析。

③设计师研究设计参数，并在需要时改变设计目标，允许人类进入设计迭代循环。计算机还可以使用人工智能技术来创建预先验证的解决方案。

④导出设计文件，并生成建筑原型。如果设计师和工程师对结果不满意，或者希望探索其他选项，可根据需要重复步骤③。

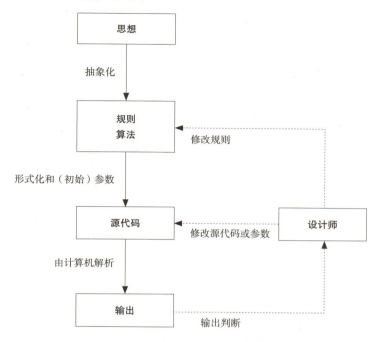

图 3.10　生成式设计的基本流程

（图片来源：Hartmut Bohnacker, Benedikt Gross, Julia Laub, Claudius Lazzeroni,（2009）. Generative Gestaltung）

日本设计师伊东丰雄于 2000 年建成了仙台媒体中心（Sendai Mediatheque），该项目为钢结构，总建筑面积 2 万余平方米，建筑总高 36.5 m，地下 2 层，地上 7 层，如图 3.11 所示。该项目作为生成式设计中的多米诺结构典范，获得了 2002 年金狮奖。

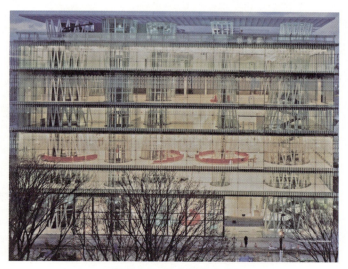

图 3.11　仙台媒体中心

（图片来源：Impact Studio 公司）

在仙台媒体中心的设计中，伊东丰雄从仿生学的角度重新定义多米诺结构：开放楼板、表皮和核心筒，如图 3.12（a）所示。通过计算机的计算智能与逻辑，把建筑空间转化为若干相同单元，经过多次迭代计算，最终筛选出合理的设计方案。关于开放式楼板采用蜂窝状的结构，伊东丰雄将媒体中心的结构系统与柯布西耶的"多米诺"体系进行比较，仙台媒体中心采用了类似多米诺的无梁楼板与柱系统，柯布西耶使用的材料是混凝土，而仙台媒体中心采用的是"蜂窝状楼板"，即两片楼板之间是钢肋，其允许的跨度远超过混凝土。铁板的厚度有 6，9，12，16 和 25 mm 共 5 种，整个 50 m 见方的楼板被分为 3 个区域：与管状柱直接连接的环区、聚集楼板力流到管状柱的承台区和承受楼面荷载的跨区，如图 3.12（b）所示。管状柱实际上是格构柱，通过模仿草本植物茎的结构，将多根钢管交叉扭编成中空的管柱，既作为支撑结构，又充当半透明的表皮，包裹起许多不同的功能要素：光（阳光）、空气（空调和通风装置）、水（排污、排雨水以及供应生活用水）、电（主要是电缆和数据传送带）、人的出入（电梯和楼梯间）、运送物品（食物传送机）等，如图 3.12（c）所示。

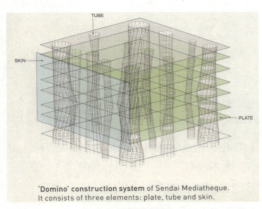

（a）新多米诺系统　　　　　　　　（b）蜂窝状楼板的设计

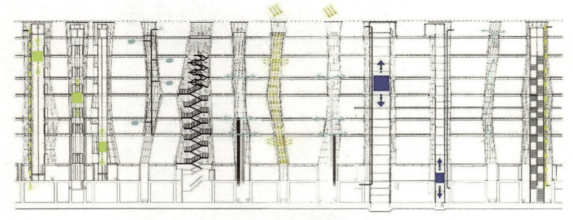

（c）不同核心筒的功能

图 3.12　仙台媒体设计的生成式设计
（图片来源：Impact Studio 公司）

　　随着计算机、网络技术的发展，建筑设计将趋近于一种基于算法的智慧设计，在建造设计阶段，设计师的双手将进一步解放，越来越强调对创意、审美和人文内涵的决策能力。智慧设计的另外一个趋势是建筑设计机器人，即计算机自主化地模拟人类思维和行动，提升计算机的智能水平，从而使计算机更好地承担起设计过程中的各种复杂任务，通过机器学习洞察、掌握设计师的行为，进一步强化设计师与机器人的合作创意设计关系，甚至摆脱人的参与，设计成果将以完全数字化、智慧化的形式存在。需要指出的是，建筑设计是一项高度复合且具有高度创造性的工作。虽然随着科技技术的不断进步，计算机在建筑设计中能发挥的功能和作用日渐增强，但计算机始终是设计师创意的"帮手"和"实行者"，而非"创造者"和"决策者"。设计师的个人主观能动性始终是建筑设计的主要推动力。

思考题

1. 基于 MBD 的产品定义是什么？
2. 基于 MBD 的产品定义与 CAD 三维制图有什么区别？
3. 参数化设计的特点是什么？
4. 生成式设计的特点是什么？
5. 利用人工智能算法技术，你能想到还有哪些对设计进行颠覆的场景应用？

第 **4** 章
智慧生产

4.1 概述

  智慧生产都是在工厂里进行的，智慧工厂主要研究智能化生产系统及其过程和网络化分布生产设施的实现，其特征主要包括利用物联网技术实现设备间高效的信息互联，数字工厂向"物联工厂"升级，操作人员可实现获取生产设备、物料、成品等相互间的动态生产数据，满足工厂 24 h 监测需求；基于庞大数据库实现数据挖掘与分析，使工厂具备自我学习能力，并在此基础上完成能源消耗的优化、生产决策的自动判断等任务；引入基于计算机数控机床、机器人等高度智能化的自动化生产线，工厂能满足客户个性化定制和柔性化生产的需求，有效缩短产品生产周期，并同时大幅度降低产品成本；基于配套智能物流仓储系统，管理人员通过自动化立体仓库、自动输送分拣系统、智能仓储管理系统等可实现仓库管理各环节数据的实时录入，以及对货物出入库的高效管理；工厂内配备电子看板显示生产的实时动态，操作人员可远程参与生产过程的修正或指挥。

  建筑领域智慧生产的最初表现形式是将传统现浇施工搬到工厂进行预制生产。在智慧化发展趋势和背景下，更强调信息化与工业化高度融合的建筑工业化生产。传统的建造方式现场湿作业工作量大、所需的人工多、能耗较大、周期较长、机械化程度较低，以现浇为主的建造方式显然已无法满足建筑业的发展需求和部分国家政策要求。随着建筑工业化和装配式建筑的发展，越来越多的预制构件工厂开始出现，已将施工现场大部分的现浇作业搬到工厂中进行，这推动着建造方式由过去的半手工半机械化模式向自动化生产过程转变，而建造也正在逐步走向"制造"。

  本章将借鉴智慧制造的相关经验，介绍面向建筑产品的智慧生产所需的信息物理融合系统（Cyber-Physical Systems，CPS）和制造执行系统（Module of Employable Skill，MES）关键技术，以及目前建筑产品生产工厂化的几种模式。

4.2　智慧工厂

2012 年美国通用电气提出"工业互联网"的概念，2013 年德国提出"工业 4.0"，2015 年中国提出"中国制造 2025"，这三者最重要的目标就是建立智慧化工厂，实现智能制造。智能制造就是面向产品全生命周期，实现泛在感知条件下的信息化制造。通过智能化的感知、人机交互、决策和执行技术，实现设计过程、制造过程和制造装备智能化。《2016年北美能源安全和基础设施法案》（S.2012）中定义智能制造是在信息、自动化、监测、计算、传感、建模和网络方面的先进技术。全球各主要经济体都在大力推进制造业的复兴，众多优秀的制造企业都展开了智能工厂的建设实践。智慧工厂中的优秀案例包括西门子安贝格工厂实现多品种工控机的混线生产且产品合格率高达 99.99%；FANUC 公司实现机器人和伺服电机生产过程中的高度自动化和智能化，最高 720 h 无人值守；三菱电机名古屋制作采用人机结合的新型机器人装配生产线，显著提高了单位生产面积产量。智慧生产是智慧制造的主线，而智慧工厂是智慧生产的主要载体。

在建筑行业的实践中，智慧工厂尚处于起步阶段，较为常见的是装配式预制构件工厂，以预制构件、部品等为主要产品类型。目前的生产工厂以固定模台和自动流水生产线为主，即使是全自动流水生产线也未达到完全智能建造的要求。

智慧工厂有自主能力，可采集、分析、判断、规划；通过整体可视技术进行推理预测，利用仿真及多媒体技术，将实境扩增展示设计与制造过程。系统中各组成部分可自行组成最佳系统结构，具备协调、重组及扩充特性，已系统具备了自我学习、自行维护的能力。因此，智慧工厂实现了人与机器的相互协调合作，其本质就是人机交互。智慧生产就是以智慧工厂为核心，将"人、机、料、法、环"连接起来，多维度进行融合。在工业物联网、5G、云计算等技术推进下，未来智慧工厂中，人类、机器和资源能够相互通信。智慧生产线生产的产品"知道"它们是什么时候被生产的、如何被生产出来的，也知道它们的用途，甚至知道"对我进行处理应该使用哪种参数""我将会被运到哪个工地"等信息。

▶　4.2.1　智慧工厂的特征

智慧工厂

智慧工厂的管理全过程有着几个典型的特征，即全要素数字化、全流程网络化和数据驱动的决策智能化。这几个特征相辅相成，相互赋能，从生产阶段一直延伸到施工、运维等阶段。

（1）全要素数字化

对生产阶段的全要素进行数字化是从产品设计数字化模型表达，向工艺、制造、服务等全生命周期阶段全要素的数字化模型的表达延伸。"人、机、料、法、环"是全面质量管理理论中 5 个影响产品质量的核心要素的简称，在智慧工厂的体系构架中，也要对这 5

个要素进行数字化和虚拟化,打破原有以文档和图纸为核心的产品描述方式,建立统一的建筑产品、构件或部品的 BIM 三维模型及标准。基于 BIM 三维模型统一数据源管理,产品能在研发、生产、施工和运维过程保持唯一数字化模型的不断迭代,并在全生命周期活动,通过建立共享的数据库和知识库,实现全生命周期的 BIM 三维工程应用。

（2）全流程网络化

全流程网络化实际上是在工厂中搭建畅通的传感网络,对单 / 多工厂、智能设备、构件或部品仓储、生产执行等工程大数据进行获取,形成全要素的数据信息传输通道,实现数据网络化,确保数据在流程上的贯通,以及各业务环节数据智能协同并形成闭环。产品全生命周期及生产全生命周期向一体化和价值链广域协同模式进行转变。

（3）数据驱动的决策智能化

数据驱动的决策智能化是基于工厂生产中工业大数据和工程大数据的挖掘与应用,持续改进生产过程的性能和生产决策效率。其通过全流程网络传输的数据,利用智能优化算法和仿真持续改进生产性能,开展资源约束的最优化排产、生产全过程管控、产品质量全过程监控、预测偏差等管理活动。这一特征实现了从经验决策模式向工程大数据支撑下的智能化管理模式的转变。

► **4.2.2 智慧工厂的基本构架**

智慧工厂拥有 3 个层次的基本构架,分别为顶层的计划层,中间的执行层及底层设备的控制层,大致可对应 ERP 系统（企业资源计划）、MES 系统（制造执行系统）以及 PCS 系统（过程控制系统）,如图 4.1 所示。

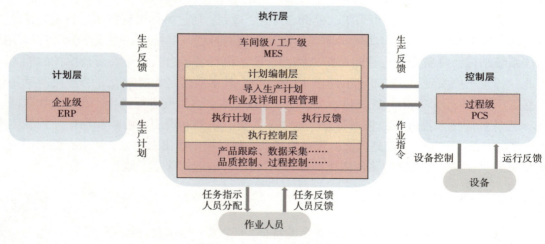

图 4.1　智慧工厂的基本构架

这 3 个层次的基本构架和 3 个典型特征决定了智慧工厂建设需要得到 3 个方面的技术支撑:一是工厂生产的数字化;二是信息物理融合系统;三是制造执行系统技术。

► **4.2.3 智慧工厂的建设内容**

从本质上讲,智慧工厂是智慧建造落地的首战场。由于工厂生产场景相对固定,产品标准化程度高，流程清晰，面向建筑产品的智慧生产过程更接近于制造业，借鉴智能制造的成熟经验，智慧工厂的实现需要纵向生产管控集成和横向供应链集成，其总体建设框架如图 4.2 所示。

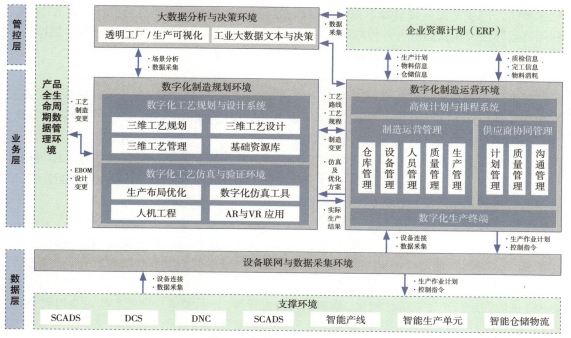

图 4.2　智慧工厂的建设框架

（1）数字化工艺规划与设计系统

数字化工艺规划与设计系统解决方案以 PBOM（即在产品工艺的基础上，加入了工艺流程的信息）为核心，提供数字化一体环境下的工艺规划、设计、管理及发布的完整能力，通过打通设计工艺数据流确保设计工艺业务流程的顺畅衔接；并实现结构化的工艺信息管理，建立设计、工艺一体化管控环境，实现设计、工艺与制造的协同，支持产品设计、工艺设计均在同一 PDM（产品数据管理，Product Data Management）平台上实现管理，该平台是一种帮助工程师和其他人员管理产品数据和产品研发过程的工具，统一数据源；为企业形成全寿命周期数据链管理提供支撑，确保型号设计技术状态与制造技术状态的一体化管理及工艺信息结构化管理需要。

（2）数字化工艺仿真与验证环境系统

数字化工艺仿真与验证环境系统解决方案通过建立与设计制造一体化环境的集成，充分利用设计输出的三维模型开展数字化工艺仿真；同时提供一个完整的可视化和仿真校验环境，用于生产布局优化仿真、数字化装配及焊接工艺仿真、人机工程仿真。它使用户能够在新产品开发、产品实际生产制造、调试检测之前的规划阶段，对制造规划进行审批、仿真、校验，及时发现产品设计、工艺设计等方面存在的问题，有效减少产品缺陷和故障率，降低因干涉等问题而进行的重新设计和工程更改，可有效保证产品质量，降低生产成本，提高生产效率。

（3）高级计划与排程系统

高级计划与排程系统解决方案以运筹学理论为基石，以生产计划排程优化、供应链优化、运输优化、仓储优化为目标，将实际业务问题转化为数学模型，通过建立数学模型及相关算法，同步考虑多种资源约束，融合相关信息系统数据，在所有可能的决策方案中，利用高效算法快速找到符合各种约束和目标的优化解决方案，同时支持插改单及计划调整，为企业实现供应链及相关生产过程计划优化管理提供支撑。

（4）制造运营管理系统

制造运营管理系统解决方案不仅覆盖传统 MES 管理领域业务，而且将与制造相关的所有执行业务（生产、仓储、工厂物流、质量、设备、人工工时管理）均纳入统一平台进行管理。通过与前端设计工艺系统的集成，实现数据统一地从生产设计到现场执行的信息传递；同时统一数据模型、统一数据库，实现物流、生产、质量等业务相互关联；通过总结与提炼标准业务组件，支持多种制造模式，更适应新业务扩展变更需求；提供制造流程智能分析包，以及实时可视化车间动态看板，显示各关键指标，为生产决策提供数据支撑。

（5）供应商协同管理系统

供应商协同管理系统解决方案是基于价值链横向集成理念，建立企业与供应商协同交流的载体，实现对计划、评审、质量、物资、生产等过程的关键节点的系统有效管控，转变工作模式，促使业务型管理人员成为知识型管理人员。面向订单、计划、质量、采购、合同、供应商进行全要素的结构化、精细化的全面管控，产品及供应商服务质量会得到提升。通过过程透明化管理、数据统计与可视化展示，决策分析与优化，实现企业与供应商之间的全面高效协同。

（6）数字化生产终端系统

数字化生产终端系统解决方案通过部署在车间现场的无纸化计算机终端，为制造检验现场人员的核心业务应用提供了统一的、集成化的交互式工作桌面环境，从而避免多个信息化系统切换带来的复杂操作，提升现场人员的工作效率；实现生产及检验过程的技术资料电子化查看，降低技术文件打印成本，提升技术文件传递效率，确保现场能及时查看到最新发布的技术文件及其变更状态，避免因产品变更频繁导致技术状态信息难以及时传递到现场的问题；实现生产及检验问题无纸化反馈与闭环管理，有效跟踪问题闭环情况，提升产品制造质量。

（7）设备联网与数据采集环境系统

设备联网与数据采集环境系统解决方案面向人员、设备、材料、方法、环境、检测等众多采集内容，通过 TCP / IP 以太网、数据采集卡、系统集成、人工辅助等方式，实现生产设备的联网，构建出车间生产现场综合数据的交换，可以将设备状态、车间工况、生产数据予以采集、传递、分析等，最大限度地满足生产管理需要，实现生产管理的大数据存储以及云计算功能，从而为智能制造生产环节提供技术支撑。

（8）透明工厂 / 生产可视化系统

透明工厂 / 生产可视化系统解决方案在计算机内的虚拟空间进行工厂建模，同时考虑现实工厂的状况驱动虚拟工厂运行，并进行动画处理，描述虚拟世界数字模型间的交互，提高制造端创造价值过程的透明度，使复杂系统的正确决策与建立成为可能。面向制造执行过程，工厂以过程控制和智能分析技术为核心，通过搭建数字化生产管理平台，支持生产过程的可控、可追溯和柔性化，信息模型描述生产系统在现实世界中的行为及交互，跟踪控制制造过程，保障生产运行平稳，提供服务支持。虚实同步与融合，支持制造系统的持续改进与优化。

（9）工业大数据应用与分析

工业大数据应用与分析将给制造企业带来众多的创新和变革。通过物联网等带来的低成本感知和高速设备连接，可实现信息技术和工业系统的深度融合，分布式计算和场景应用分析与决策优化；在新产品创新研发、产品故障诊断与预测、工业生产线物联网分析、工业企业供应链优化和产品精准营销等诸多方面，创新并优化企业的研发、生产、运营、营销和管理方式，给制造企业带来更快的速度、更高的效率和更强的洞察力。

4.3　智慧生产的 CPS 技术

▶ 4.3.1　CPS 技术与起源

CPS 与 MES 技术

CPS 是信息物理系统（Cyber Physical System）的缩写，是工业 4.0 的核心。在 2015 年 7 月 13 日《人民邮电报》的《信息物理系统：智能制造"炼金术"》一文中，将 CPS 定义为一个包含计算、网络和物理实体的复杂系统，通过 3C（Computation、Communication、Control）技术的有机融合与深度协作，以及人机交互接口实现和物理进程的交互，使信息空间以远程、可靠、实时、安全、智能化、协作的方式操控一个物理实体。在制造业中，通过 CPS 系统，将智能机器、存储系统和生产设施融入整个生产系统中，并使人、机、料等能够相互独立地自动交换信息、触发动作和自主控制，实现一种智能的、高效的、高质的、个性化的生产方式，推动制造业向智能化转型。

美国国家航天航空局在 1992 年就提出了 CPS 技术，其核心为 Computation（计算）、Communication（通信）、Control（控制），即 3C。何积丰院士认为 CPS 就是一个在环境感知的基础上，深度融合了计算、通信和控制能力的可控、可信、可扩展的网络化物理设备系统，它通过计算进程和物理进程相互影响的反馈循环实现深度融合和实时交互来增加或扩展新的功能，以安全、可靠、高效和实时的方式监测或控制一个物理实体。CPS 源于美国，却因德国工业 4.0 而风靡全球。CPS 在我国也得到高度重视，在《中国制造 2025》中明确强调："基于信息物理系统的智能装备、智能工厂等智能制造正在引领制造方式变革"，CPS 已经成为智能制造的核心支撑技术与重要抓手。

简单来讲，CPS 就是将让整个世界互联起来，如同互联网改变了人与人的互动一样，CPS 将会改变人们与物理世界的互动。CPS 构建了物理空间（Physical）与信息空间（Cyber）中人、机、物、环境、信息等要素相互映射、适时交互、高效协同的复杂系统，这套系统能够将物理空间的各种"隐性数据"（尺寸、温度、气味等）不断采集传输到信息空间变成"显性数据",在信息空间对数据进行分析理解然后转换成有价值的"信息",并计算出在一定目标约束下及一定范围内的最优解,形成对外部环境理解的"知识"储备,同时将这个最优解以物理空间和物理实体能够接收的形式"优化数据"作用到物理空间。

CPS的智能化实现逻辑大致分为4个阶段,第一阶段是"状态感知",CPS对系统环境信息的自主感知;第二阶段是"实时分析",在通过传感器网络获得感知信息后,CPS对获取到的信息进行适当处理,例如剔除无用的信息,对信息进行分类等;第三阶段是"科学决策",在建立数据库的基础上,对CPS进行整体系统的建模,完成认知任务;第四阶段是"精准执行",通过整体模型与数据库,实现最终决策与系统控制。

CPS的本质是构建一套信息空间与物理空间之间基于数据自动流动的状态感知、实时分析、科学决策、精准执行的闭环赋能体系,解决生产制造、应用服务过程中的复杂性和不确定性问题,提高资源配置效率,实现资源优化。

最早的CPS的科学研究和应用开发的重点放在医疗领域,利用CPS技术在交互式医疗的器械、高可靠医疗、治疗过程建模及场景仿真、无差错医疗过程和易接入性医疗系统等方面进行改善,同时开始建立政府公共的医疗数据库用于研发和管理,实现医疗系统在设计、控制、医疗过程、人机交互和结果管理等方面的技术突破。随后,CPS技术又运用到能源、交通、市政管理和制造等各个领域。

► 4.3.2 CPS的技术体系

1）CPS的系统级划分

资源优化配置的范围可大可小,可优化多台工业机器人协作、优化整个工厂生产规划,根据数据在不同的量级维度闭环自动流动,CPS可以分为3个不同层次,即单元级、系统级和系统之系统级。

（1）单元级

单元级是具有不可分割性的信息物理系统最小单元,可以是一个部件或一个产品,通过物理硬件（如传动轴承、机械臂、电机等）、自身嵌入式软件系统及通信模块,构成含有"感知—分析—决策—执行"数据自动流动基本的闭环。

（2）系统级

在单元级CPS的基础上,通过工业网络的引入,可以实现系统级CPS的协同调配。在这一层级上,多个单元级CPS及非CPS单元设备的集成构成系统级CPS,典型的例子是一条含机械臂和AGV小车的智能装配线。

（3）系统之系统级

在系统级CPS的基础上,可以通过构建CPS智能服务平台,实现系统级CPS之间的协同优化。在这一层级上,多个系统级CPS构成了SoS级CPS,如多条产线或多个工厂之间的协作,以实现产品生命周期全流程及企业全系统的整合。

需要注意的是,任何一种层次的CPS都要具备基本的感知、分析、决策、执行的数据闭环,都要实现一定程度的资源优化。其信息空间的映射体不一定是视觉上与物理实体相似的模型,其重点是对该实体的关键数据（内、外部）进行数字化建模。

从建筑全寿命产业链各种活动来说的话,CPS的应用可以大到包括整个建造体系,小到一个简单的可编程序控制器，这些是一切智能系统的核心。因此，在我国推进智能建造的进程中，一定要重视 CPS 的核心作用。

2）CPS 的技术体系构架

CPS 被学界、业界及相关政策机构认为是智能制造的"关键核心技术"。CPS 主要是指通过通信控制技术和实体设备高效集成所产生的智能化体系，可有效借助于网络空间实现对实体设备和运行程序的感知、数字化采集和集成、智能化分析和预测，最终实现资源的优化配置，达到网络空间与实体空间在自我组织、协调、适应方面的独立化。

根据美国总统科技顾问委员会（PCAST）的《数字未来设计：联邦资助的网络与信息技术研发》和《捕捉美国先进制造业的竞争优势（AMP1.0）》、德国国家科学与工程院发布的《德国智能服务世界——未来项目实施建议》和《德国 CPS 综合研究报告》、工业互联网产业联盟（AII）发布的《工业互联网体系架构》等可以看出，CPS 是一个有明显体系化特征的技术框架，即以多源数据的建模为基础，并以智能连接（Connection）、智能分析（Conversion）、智能网络（Cyber）、智能认知（Cognition）和智能配置与执行（Configuration）作为其 5C 技术体系架构，具体如图 4.3 所示。

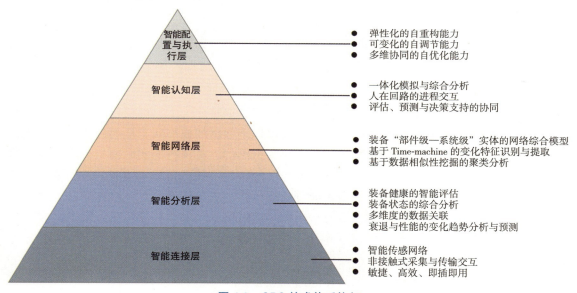

图 4.3　CPS 技术体系构架

（1）第一层：智能连接层

智能连接层作为物理空间（Physical）与信息空间（Cyber）交互的第一层，肩负着建立连通性的使命。这一层主要负责数据的采集与信息的传输，其可能的形式之一是，利用本地代理在机器上采集数据，在本地做轻量级的分析来提取特征，之后通过标准化的通信协议将特征传输至能力更强的计算平台。随着边缘计算、云运算协同工作机制的不断完善，智能感知层可以自动为复杂的预测性分析提供"有用信息"，成为信息空间的数字化入口。

智能连接层可在实体空间中完成，对应的自适应控制部分在信息空间中完成，由此形成信息—实体空间的数据按需获取，图 4.4 所示为智能连接层流程。

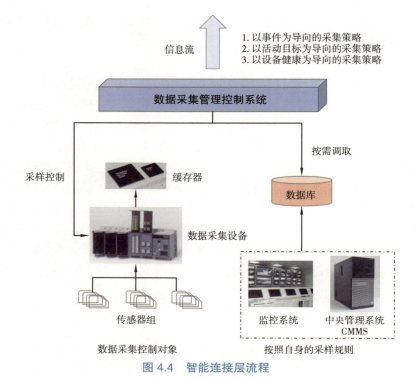

图 4.4　智能连接层流程

（2）第二层：智能分析层（数据到信息转换层）

在数据导入后，需要对其进行预测性分析来将数据转化为用户可执行的信息。根据不同的作业场景，机器学习与统计建模的算法可以识别数据的模型状态从而进行故障检测、故障分类与故障预测。高维的数据流将被转化为低维的、可执行的实时信息，为用户迅速做决策提供实证支持。而从"高维"到"低维"的转化，并不是简单达成的，而是需要依靠专业领域的知识处理与分析，这是智能分析层的核心。具体做法是：以专业领域的文本知识、集成性的专家知识为蓝本进行分析类比，通过信息频率及海量解决方案来完成数据信息智能筛选、储存、融合、关联、调用，形成"自记忆"能力，图 4.5 所示为智能分析层流程。

（3）第三层：智能网络层（网络化的内容管理）

智能网络层是整个 CPS 的内核，它是"5C"体系构架的信息集散中心，也是发挥 CPS 对互联、大规模集群建模优势的关键层。针对 CPS 的系统需求，对生产过程中的装备、环境、活动所构成的大数据环境进行存储、建模、分析、挖掘、评估、预测、优化、协同等处理获得信息和知识，并与装备对象的设计、测试和运行性能表征相结合，产生与物理空间的深度融合、实时交互、互相耦合、互相更新的信息空间，并在信息空间中形成体系性的个体机理模型空间、环境模型空间、群体模型空间以及对应的知识推演空间，进而对信息空间知识指导物理空间的活动过程起到支撑作用。

智能网络层的实现过程实质上可分为两大部分：空间模型建立与知识发现体系构建。

①空间模型建立。包括了针对信息空间中的个体空间、群体空间、活动空间、环境空

间及对应的知识推演空间，建立有效的模型，尤其是以数据驱动为核心的 CPS 数据模型，以形成面向对象的完备智能网络系统。

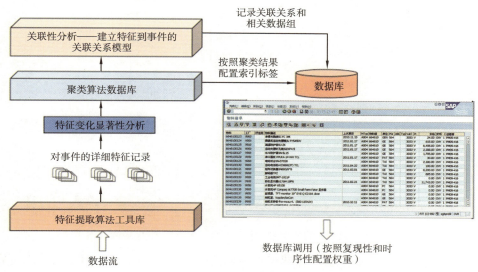

图 4.5　智能分析层流程

②知识发现体系构建。通过记录建筑生产活动中的各参与方与环境的活动、事件、变化和效果，在信息空间建立知识体系，形成完整的、可自主学习的知识结构，并结合建立起的机理空间、群体空间、活动空间、环境空间和推演空间知识库及模型库，构建"孪生模型"，完成在信息空间中的实体镜像建模，形成完整的 CPS 知识应用与知识发现体系，并以有效的知识发现能力，支撑其他 CPS 单元或系统通过智能网络层进行相互连接与信息共享。而知识发现的过程则遵循了从自省、预测、检验到决策的智能化标准流程，并完成信息到知识的转化。

（4）第四层：智能认知层（即评估与决策层）

智能认知层是对建筑生产过程中所获得的有效信息进行进一步的分析和挖掘，以做出更加有效、科学的决策活动。这一层将综合前两层产生的信息，为用户提供所监控系统的完整信息。在复杂的建筑生产环境与多维的建造条件下，面向不同需求进行多源化数据的动态关联、评估和预测，最终达成对物理空间的活动并建立认知，以及对物、环境、活动三者之间的关联、影响分析与趋势判断，形成"自认知"能力。例如，针对在生产环节提供设备维护的可执行信息，如机器总体的性能表现、机器预测的趋势、潜在的故障、故障可能发生的时间、需要进行的维护以及最佳的维护时间等。

（5）第五层：智能配置与执行层

智能配置与执行层是信息空间对物理空间的反馈。基于信息空间指导实际建筑生产过程中决策活动执行，随后，物理空间产生的新的感知，又可传递回第一层（即智能连接层），由此形成 CPS 5 层架构的循环与迭代成长。整个 CPS 系统以数据为载体，以数据流动形成闭环，让信息空间和物理空间成为"数字孪生"。信息空间的孪生体能够反映物理空间实体系统的变化并预测未来发生的情景和后果，能为决策者提供更加可靠的决策支持。

根据以上 CPS 的 5 层技术体系架构，可以用图 4.6 总结对应体系每一层的核心能力与技术。

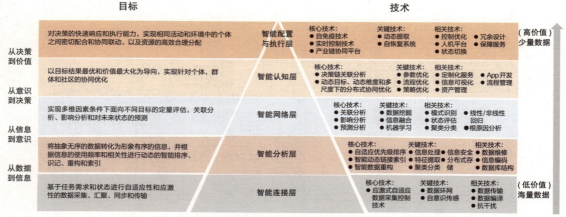

图 4.6　CPS 的 5 层技术体系架构、技术、目标示意图

对于智慧建造而言，CPS 技术在建造领域的应用起于生产阶段，但是其技术逻辑需要贯穿于全生命周期才能保证智慧化的实现。建筑产品全生命周期的信息空间和实体空间的信息互动，将随各个阶段工作的推进不断地迭代。建筑生产乃至全生命周期的各项活动可以实现透明、高效、智能的管理，并且通过对建造设备、原材料、建造行为、工艺、流程等多模态生产要素、生产工艺和管理过程的状态感知、信息交互，对所得的大量数据进行实时分析、计算，从感知、交互、分析、决策到精准执行的闭环 CPS，实现对整个建造系统的智能控制。随着 CPS、MES 等智能化技术的不断发展，未来的建造全生命周期活动将实现在智能终端控制下的自动化生产，并在全局信息化的基础上建立精益生产和精益管理的持续改善机制，并最终达到机器换人，减少劳动力成本的目的。

▶ 4.3.3　CPS 技术支持下的智慧化生产应用

CPS 技术可广泛应用于产品的设计、生产、服务、应用中，在电网、交通、航空、工业、建筑领域都具有广泛的应用前景。Valero 是北美最大的炼油公司，通过引入基于 CPS 技术系统的智能工厂解决方案，其总资产在 10 年间从 50 亿美元快速增加至 1 200 亿美元，在 Valero 炼油工厂内，人们对锅炉进行了建模，采用面向方程式的仿真和优化软件工具，以过程单元能源需求、由设备或环境法规所造成的能源要求和制度的约束为依据，优化燃料采购，蒸汽与电力的应用，产生年效益约 270 万美元。导入建设智能工厂的问题解决方案后，Valero 工厂每年可节约 1.2 亿 ~2 亿美元的成本。

在建筑业中，CPS 技术装配式建筑生产也颇具成效。远大住工集团创建的"PC-CPS 智造系统"，针对预制混凝土构件生产量身打造的整体解决方案，该系统是以生产为出发点，向前端设计、客户及后端施工延伸的智能管理系统，即通过构建基于数据自动流动的闭环体系，对人流、物流、信息流、资金流进行状态监测、实时分析、科学决策、精准执行，解决生产制造、应用服务过程中的复杂性和不确定性，实现资源配置和运营的按需响应、动态优化，从而大幅提升经营效率。

其原理是在信息空间完成设计、生产、物流、施工、运维的全过程，将不确定的建筑实施过程确定化，并通过物理空间和数字空间精准映射，虚实交互，智能干预，指导物理空间的建筑建造实施（图 4.7）。

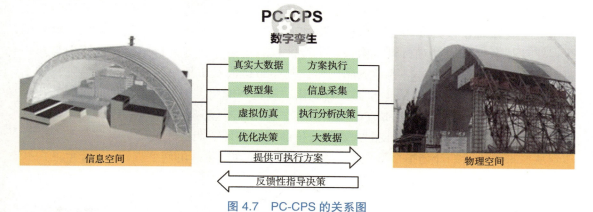

图 4.7　PC-CPS 的关系图

如图 4.8 所示，CPS 智造系统从客户端开始植入 CPS 理念，确保与客户的合作从价值认同与共赢开始。在针对项目的商务接洽中，生产者导入自有的先进技术体系，为客户提供设计、生产与施工全流程的咨询服务，消除客户对合作的流程与技术疑问，提供成本更低、效率更高的可行性技术方案。在项目合同签订前会基于与客户共赢的原则针对项目从客户等级、项目体量、技术体系、构件标准化程度、成本与利润等诸多方面进行雷达图分析，确保项目实施的双赢。签订合同后，工厂成立项目小组，主导客户项目的导入，从设计、工厂、工地 3 个方面聚焦打造项目数字产品。数字产品完成后便是数字制造过程，该过程主要完成项目生产模型的建立，即对所有构件进行一物一码的生成、对生产资源进行数字化定义、基于构件制作的仿真模拟结果对项目的生产组织与计划进行数字化预排，信息阶段工作至此完成。在物理阶段，即工厂实体制造过程，其是基于数据驱动与柔性制造，通过供应链管理与 PC 制造管理相分离的方式来实现对项目构件的高效率、高质量、低成本的准时交付过程。

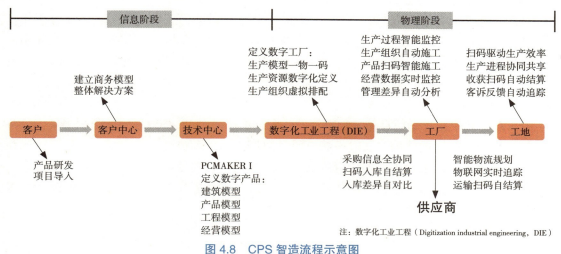

图 4.8　CPS 智造流程示意图

在远大住工的实践中，预制混凝土构件的智能生产是基于智能工厂和数字制造方案，采用柔性制造和物联网数据驱动技术，高效率、高品质、成本可控且精准地满足客户成套产品需求的模式。其中，数字制造方案是指在PCmaker软件平台中对项目订单规划与管理、生产工艺、智能排产、制程控制、数据采集、智能看板、生产定额、差异分析、质量追踪等方案进行全面的预设。柔性制造主要体现在模具通用化、流程标准化、台车共享化、作业简单化等方面。物联网数据驱动技术则是通过对材料、构件、生产区域、运输工具等进行一物一码标识与扫码驱动作业，来实现从原材料到半成品、构件制作与运输及工地吊装全流程的追踪，如图4.9所示。由此实体生产中的生产工艺智能化、资材智能化、作业智能化、成本智能化和管理智能化得以实现。通过应用 PC-CPS 系统，物流成本能降低 20% ~ 30%，存货周转率能提高 100% ~ 200%。最终，装配式建筑全生命周期各环节能实现关键数据共享与协同，达到从原来的供给端计划指令型生产向需求端数据驱动型生产的转变。

远大装配式生产线

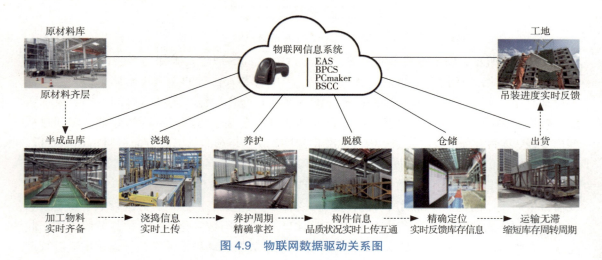

图 4.9　物联网数据驱动关系图

（1）生产工艺智能化

生产工艺智能化是指堆码装车方案、模具方案、构件生产工艺方案等工艺设计工作，可以从现有标准化方案资源库中，根据当前项目特点进行自动匹配与拉式生成，实体制造过程中的工艺问题改善同样可以通过对采集数据的分析进行决策，匹配出适用的改良工艺措施。

（2）资材智能化

资材智能化是指计划信息流与物料流的匹配，可以通过 PC-CPS 系统的数据采集、分析与看板系统来进行智能管控。通过一物一码的数据驱动，系统可以自驱动向工厂下达成套的生产计划指令、跟进分析计划执行进度，提供计划达成率分析报表，同时也可以对工厂原材料、半成品、成品状态物料的数量、物理位置、成套情况进行分析，并根据岗位需求分别匹配对应的数据分析报表。

（3）作业智能化

作业智能化是指在少量人工的操作下，根据收到的电子生产指令、图纸及清单进行自检后执行，并在与既定方案、参数不符或差异超出标准时进行自动停机预警，确保生产制造过程可控，产出成品合乎规范。

（4）成本智能化

成本智能化是指从项目成本分析与模型建立到实体生产成本发生，以及项目结案清算与存档全过程的成本数据分析与预警管控。在成本发生的每一个环节，系统都会根据定额与实际发生额进行对比分析，根据预设的提醒参数进行预警和智能干预。

（5）管理智能化

管理智能化是指基于工厂实时动态数据的分析对工厂运营状态进行数字化图文报表的展示，并对可能出现的异常问题进行高亮预警展示，并提供异常分析与可选的解决方案，方便工厂各层管理者第一时间发现问题，解决问题。

4.4　智慧生产的 MES 技术

▶　4.4.1　MES 技术的定义

智慧生产的核心是制造执行系统（MES），在制造业的信息化进程中，工厂或车间的信息化是关键环节，发展 MES 技术是提升工厂或车间自动化水平的有效途径。智慧工厂 MES 负责从订单下单到产品成型整个生产增值过程各个阶段的管理优化，以及后期产品服务和产品质量追溯，采集实时数据，并对数据反映的实时风险、事件进行快速响应和处理，做到监控和反馈生产现状。智慧工厂 MES 的本质是通过集成优化的技术方法，将离散生产过程中分散的数据进行有效的集成优化和整合，以此合理安排生产资源，实现以最少的投入产出最好的产品。MES 是智慧工厂信息管理的核心和主体，通过控制人员、物料、设备等生产资源，达到统一集成管理，实现生产数字化和智能化。

1990 年美国先进制造研究协会 AMR（Advanced Manufacturing Research）提出了制造执行系统（Manufacturing Execution System，MES）这一新概念，并将 MES 定义为"位于上层的计划管理系统与底层的工业控制之间，面向车间层的管理信息化系统。"它为操作人员 / 管理人员提供计划的执行、跟踪以及表述所有资源（人、设备、物料、客户需求等）的当前状态。MES 是处于计划层和车间层操作控制系统之间的执行层，主要负责生产管理和调度执行。它通过控制包括物料、设备、人员、流程指令在内的工厂资源来提高制造竞争力，提供一种在统一平台上集成诸如计划管理、质量控制、文档管理、生产调度等多功能的管理模式，从而实现企业实时化的 ERP / MES / DNC 三层管理架构，如图 4.10 所示。其中 ERP 为企业资源计划；DNC（Distributed Numerical Control）为分布式数字控制；MDC（Manufacturing Data Collection）为制造数据采集。

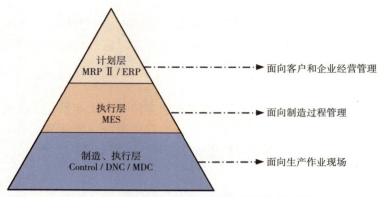

图 4.10　MES 在智慧工厂基本构架中的位置

▶ 4.4.2　MES 功能定位和功能模块

1）MES 的功能定位

制造企业逐渐认识到信息化的重要性，很多企业陆续实施了以管理研发数据为核心的产品生命周期管理（Product Lifecycle Management，PLM）系统，以物料管理、财务管理、生产计划为重点的 ERP 系统，以及企业日常事务处理的办公自动化（Office Automation，OA）等系统，这些系统在各自领域都发挥了积极作用。但由于市场环境变化和生产管理理念的不断更新，单纯依靠这些系统还不能帮助企业实现高效的运营，很多环节还处于不可控、不科学的状态中，比如如何实现计划和实际生产的密切配合；如何使企业和生产管理人员在最短的时间内掌握生产现场的变化，从而做出准确判断和快速应对；如何保证生产计划得到合理、快速的修正等。虽然 ERP 和现场自动化设备发展都已经很成熟了，但 ERP 服务对象是企业管理的上层，对车间层的管理流程一般不提供直接和详细的支持。尽管车间拥有众多高端数字化设备，也在使用各类 CAD / CAM / CAPP 软件，但在信息化管理方面，特别是车间生产现场管理部分，如计划、排产、派工、物料、质量等，还处于传统的管理模式，影响和制约了车间生产能力的发挥。而 MES 恰恰就是 ERP 等上游系统与 DNC / MDC 等下游系统之间的桥梁，MES 强调控制、协调和执行，使企业信息化系统不仅具有良好的计划系统，而且能使生产计划落到实处。MES 可以将 ERP 的主生产计划按照车间设备、人员、物料等实际情况，分解成每一工序、每一设备、每一分钟的车间工序级计划。它能使企业生产管理数字化、生产过程协同化、决策支持智能化，有力地促进了精益生产落地及企业智能化转型升级。

2）MES 的功能模块

智慧生产 MES 的主要用户是生产管理部门、质量管理部门和物料管理部门，以及企业各个层级管理部门的人员，它是企业生产管理集成的核心系统，也是一个生产指挥系统。MES 系统提供计划排程管理、资源管理、文档管理、生产追溯、生产单元管理、物料管理、质量管理、设备管理等功能模块管理。

（1）车间资源管理

工厂车间资源是制造生产的基础，也是 MES 运行的基础。车间资源管理主要是对车间人员、设备、工装、物料和工时进行管理，以保证生产正常进行，并提供资源使用情况的实时状态信息和历史记录。

（2）生产排程管理

生产计划是车间生产管理的重点和难点。提高计划员排产效率和生产计划准确性是优化生产流程以及改进生产管理水平的重要手段。

MES 的计划排程管理包括生产订单下达和任务完工情况的反馈。从上层 ERP 系统同步生产订单或接受生产计划，根据当前的生产状况（如生产能力、生产准备和在制任务等）、生产准备条件（如图纸、工装和材料等）以及项目优先级别及计划完成时间等要求，合理制订生产计划，监督生产进度和生产执行情况等。

在计划排程优化中，通常需借助各种算法和工具进行优化。高级排产是通过各种算法，自动制订出科学的生产计划，细化到每一工序、每一设备、每一分钟。对逾期计划，系统可提供工序拆分、调整设备、调整优先级等灵活处理措施。

（3）生产过程管理

生产过程管理可实现生产过程的闭环可视化控制，以减少等待时间、库存和过量生产等浪费。生产过程中采用条码、触摸屏和机床数据采集等多种方式实时跟踪计划生产进度。生产过程管理旨在控制生产，实施并执行生产调度，追踪车间里的工作和工件的状态，对于当前没有能力加工的工序可以外协处理，实现工序派工、工序外协和齐套等管理功能，并且可通过看板实时显示车间现场信息以及任务进展信息等。

（4）质量管理

生产制造过程的工序检验与产品质量管理，能够实现对工序检验与产品质量过程的追溯，对不合格品以及整改过程进行严格控制。其功能包括实现生产过程关键要素的全面记录以及完备的质量追溯，准确统计产品的合格率和不合格率，为质量改进提供量化指标。根据产品质量分析结果，对出厂产品进行预防性维护。

（5）生产监控管理

生产监控管理是从生产计划进度和设备运转情况等多维度对生产过程进行监控，实现对车间报警信息的管理，包括设备故障、人员缺勤、质量及其他原因的报警信息，及时发现问题、汇报问题并处理问题，从而保证生产过程顺利进行且可控。结合分布式数字控制 DNC 系统、MDC 系统进行设备联网和数据采集，从而实现设备监控，提高瓶颈设备利用率。

（6）库存管理

库存管理是对车间内的所有库存物资进行管理。车间内物资有自制件、外协件、外购件、刀具、工装和周转原材料等。其功能包括通过库存管理实现库房存贮物资检索，查询当前库存情况及历史记录；提供库存盘点与库房调拨功能，在原材料、刀具和工装等库存量不足时，设置告警；提供库房零部件的出入库操作记录，包括刀具 / 工装的借入、归还、报修和报废等操作。

（7）物料跟踪管理

条码技术能对生产过程中的物流进行管理和追踪。物料在生产过程中，通过条码扫描跟踪物料在线状态，监控物料流转过程，保证物料在车间生产过程中快速高效流转，并可随时查询。

（8）生产任务管理

生产任务管理包括生产任务接收与管理、任务进度展示等。

（9）统计分析

能够对生产过程中产生的数据进行统计查询，分析后形成报表，为后续工作提供参考数据与决策支持。生产过程中的数据丰富，系统可根据需要，定制不同的统计查询功能，包括产品加工进度查询；车间在制品查询；车间和工位任务查询；产品配套齐套查询；质量统计分析；车间产能（人力和设备）利用率分析；废品率/次品率统计分析等。

► 4.4.3 MES 与其他系统的集成应用

企业在面向智慧生产转型的过程中，作为企业生产管理的核心软件之一，MES 将不再仅是专注生产信息管控的软件工具，而是将转型为企业兼容多应用系统、多维度信息以及多服务目标的核心系统，并担当"应用门户""数据及信息流通枢纽""虚拟资源平台"等角色。MES 与多个生产管理系统进行协同工作及信息共享是关键的一步。这些管理信息系统包括企业资源计划（ERP）、供应链管理（SCM）、产品数据管理（PDM）、销售和服务管理（SSM）等，其中既有以生产管理为主的 ERP 系统，又有与生产相关业务领域的PDM、SCM、SSM 等系统。它们同 MES 之间的信息传递虽然不尽相同，但总体传递的都是与生产密切相关的信息，协同多个工业系统进行生产模式的整体转型将是企业转型的最大挑战。

1）企业主要的管理信息系统

（1）客户关系管理

客户关系是指围绕客户生命周期发生、发展的信息归集。客户关系管理（Customer Relationship Management，CRM）是指企业为提高核心竞争力，利用相应的信息技术以及互联网技术来协调企业与顾客间在销售、营销和服务上的交互，从而提升其管理方式，向客户提供创新式的、个性化的客户交互和服务的过程。客户关系管理的核心是客户价值管理，通过"一对一"营销原则，满足不同价值客户的个性化需求，提高客户忠诚度和保有率，实现客户价值持续贡献，从而全面提升企业盈利能力。其最终目标是吸引新客户、留住老客户以及将已有客户转为忠实客户，增加市场。CRM 的实施目标是通过全面提升企业业务流程的管理来降低企业成本，以及通过提供更快速和周到的优质服务来吸引和保持更多的客户。作为一种新型管理机制，CRM 极大地改善了企业与客户之间的关系，实施于企业的市场营销、销售、服务与技术支持等与客户相关的领域。CRM 能够补充 ERP 系统对供应链下游（客户端）管理不足的问题。

（2）企业资源计划

企业资源计划（Enterprise Resource Planning，ERP）在 20 世纪 60 年代提出，源于物

料需求计划（Material Requirements Planning，MRP）。当时，它的主要目标是要保证各种物料都能够及时地送达到生产现场。而后人们扩展了"物料"的概念，将设备也考虑进去。在制订主生产计划时，不仅要考虑物料计划，而且还要考虑生产能力计划，形成"闭环 MRP"。再后来，人们发现影响生产的不仅是物料和产能，资金和人力资源也都是要素。因此，有人在 MRP 的基础上提出了一个新概念，称为制造资源计划（Manufacturing Resource Planning），为与"MRP"加以区分，将其简称为 MRP Ⅱ。这里所说的制造资源，不仅包括物料和设备，而且也包括资金资源和人力资源。由于 MRP Ⅱ 开始涉及财务领域，应收账款和应付账款也牵涉其中，所以整个财务工作都被纳入 MRP Ⅱ 中，再将采购工作和销售工作也纳入，最终将 MRP Ⅱ 改名为 ERP。

（3）产品数据管理

产品数据管理（Product Data Management，PDM）是一门用来管理所有与产品相关信息（包括零件信息、配置、文档、CAD 文件、结构、权限信息等）和所有与产品相关过程（包括过程定义和管理）的技术。通过实施 PDM，可以提高生产效率，有利于对产品的全生命周期进行管理，加强对文档、图纸、数据的高效利用，使工作流程规范化。PDM 是一种帮助工程师和其他人员管理产品数据和产品研发过程的工具。PDM 系统确保跟踪设计、制造所需的大量数据和信息，并由此支持和维护产品。

（4）产品生命周期管理

产品生命周期管理（Product Data Management，PLM）系统的核心对象其实也是物料，只不过是物料的数据，而不是物料的实体。PLM 是由 PDM（产品数据管理）发展而来。每种产品由若干个物料构成，而且单件产品中每种物料的用量不同。记录这些信息的文件就是 BOM（物料清单），这是 ERP 系统最基础的输入信息。BOM 是研发工作生成的，研发工作即定义产品，一个产品由哪些物料构成、如何构成。PDM 管的就是 BOM，BOM 中的每一项物料数据（物料的几何外观如何？物理 / 化学性能如何？它在什么情况下可以由哪些其他物料来代替？除了本产品之外，它还可以用于哪些其他产品？）PLM 不仅要管这些数据，而且要在整个产品生命周期内管理这些数据。产品生命周期，是指产品从最初的创意到最后退市的过程。一般来说，分为"概念""设计""工艺""确认""量产""服务"等阶段。

（5）供应商管理

供应商管理（Supply Chain Management，SCM）的核心对象就是供应商，每一种物料的所有供应商都需要管理。每一个供应商的资质情况，需要实施维护，包括每一笔未完成订单的现状、每一笔历史订单的记录、供应商的能力（包括供应商的研发能力和生产能力）等都需要管理，甚至供应商的供应商也需要管理。收集供应商的信息，有助于以后在选择供应商时进行筛选对比。引入新的供应商，也需要一定的流程、角色和表单。

各管理信息系统说明见表 4.1。

表 4.1　各生产管理系统说明

名　称	定　义	核心对象	应用阶段	基本功能
企业资源计划（ERP）	ERP 是指建立在信息技术基础上，以系统化的管理思想，为企业决策层及员工提供决策运行手段的管理平台	生产物料、设备、资金、人力等	设计、生产、营销、销售、服务	生产资源计划，质量管理，产品数据管理，存货、分销与运输管理，人力资源管理等
客户关系管理（CRM）	CRM 是指企业为提高核心竞争力，利用相应的信息技术以及互联网技术协调企业与顾客间在销售、营销和服务上的交互，从而提升其管理方式，向客户提供创新式的、个性化的客户交互和服务的过程	产品客户	市场营销、销售、售后服务	客户资源管理、销售管理、客户服务管理、日常事务管理
产品数据管理（PDM）	PDM 管理所有与产品相关信息（包括零件信息、配置、文档、CAD 文件、结构、权限信息等）和所有与产品相关过程（包括过程定义和管理）的技术	BOM 清单	设计阶段	文档管理、工作流和过程管理、产品结构与配置管理
产品生命周期管理（PLM）	PLM 是指从人们对产品的需求开始，到产品淘汰报废的全部生命历程中产生的相关数据的管理	BOM 清单，全生命周期产品自身及交互数据	全生命周期	数据管理
供应商管理（SCM）	SCM 供应链管理是一种集成的管理思想和方法，它执行供应链中从供应商到最终用户的物流的计划和控制等职能。从单一的企业角度来看，是指企业通过改善上、下游供应链关系，整合和优化供应链中的信息流、物流、资金流，以获得企业的竞争优势	供应商	设计、生产	采购管理、物流管理、生产计划
制造执行系统（MES）	MES 是位于上层的计划管理系统与底层的工业控制之间的面向车间层的管理信息系统，为操作人员／管理人员提供计划的执行、跟踪以及所有资源（人、设备、物料、客户需求等）的当前状态。MES 可以为企业提供包括制造数据管理、生产调度管理、人力资源管理等管理模块，为企业打造一个全面、可行的制造协同管理平台	成品生产全过程	生产	制造数据管理、计划排程管理、生产调度管理、库存管理等

2）MES 系统与各管理信息系统的联系

　　MES 起到了企业信息系统连接器的作用。与 ERP、PLM、PDM、SCM 等生产管理系统的信息传递和交互，使企业的计划管理层与控制执行层之间实现了数据的流通，并通过

MES 对制造过程中的时间进度、产品质量、成本、制造资源、能耗等要素进行集中统一管控，进一步完善了 MES 的功能。

PLM（创新）、ERP（计划）、MES（执行）是工程数字化和自动化作业控制系统的主要组成部分。PLM、MES 和 ERP 系统的功能可以互相延伸和对接，共同构建更为完善的现代化企业信息管理体系。

PLM 的目标是期望通过对产品数据或流程的有效管理，从设计源头控制产品质量，实现"开源""生钱"，降低直接成本，提供企业的创新、研发能力，缩短产品生命周期，进而提高企业的核心竞争力；ERP 的目的是"节流""省钱"，希望通过对需求库存、供应计划以及人力资源等内容的科学合理规划，降低企业间接成本，提高制造能力。MES 重点在于执行，也即以产品质量、准时交货、设备利用、流程控制等作为管理的目标，结合现场生产记录、工艺要求对现场生产活动以及突发事件进行有效管控，可以为企业打造一个扎实、可靠、全面可行的制造协同管理平台。MES 把 PLM 系统视为其重要的集成信息来源，MES 需要从 PLM 系统中提取产品的原始设计 BOM 数据，包括产品的设计 BOM 和工艺 BOM 文件，并通过 xBOM 管理，把产品的设计 BOM 数据转换成支持 MES 的各种 BOM 数据，包括产品的制造 BOM、工艺 BOM、质量 BOM 等，从而快速、准确地建立 MES 中的产品基础数据。通过 xBOM 管理，MES 实现了与 PDM 系统的集成和 MES 内部产品数据管理。

当下，随着数字化技术和信息化技术的快速发展，三系统之间的协同集成应用不仅使企业具有快速响应市场需求的能力，同时也提高了企业的生产能力和生产效率。其互动关系，如图 4.11 所示。

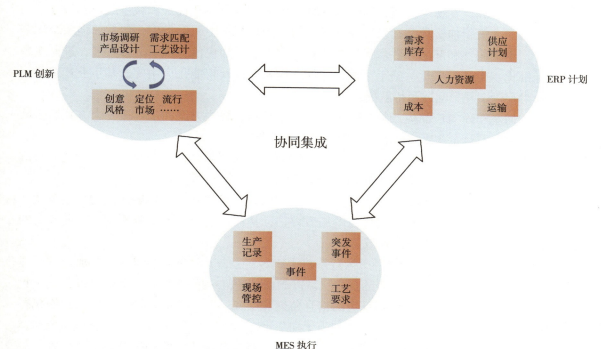

图 4.11　MES 执行、PLM 创新、ERP 计划的互动关系

企业集成 PLM、MES、ERP 等系统，实现对主要生产经营环节的有效管理，主要体现在以下 3 个方面。

①对整个供应链进行管理。

②精益生产、并行工程和敏捷制造。

③事先计划与事中控制。

实践证明，PLM、MES、ERP 三系统的互联互通，可以达到平台整合、业务整合、数据整合的目的。通过三系统协作运行，可将市场、研发设计、生产管理、销售、产品交付等各个环节纳入系统中执行，实现运营全过程的数字化、可视化、透明化、规范化。但 3 个系统的部署过程、建设顺序、实施方法都各有不同。在应用至实践的过程中，首先要实现企业最基础的产品数字化（包含数字化设计、数字化管理、数字化质检、数字化工艺、数字化制造、无纸化车间、数字化服务等环节），厘清、理顺企业内部的业务流、数据流、生产事件流，通过 PLM 系统贯穿数据流程管理、通过 ERP 系统贯穿业务流程管理、通过 MES 系统贯穿产品生产交付流程事件管理，最终实现三流合一。

▶ 4.4.4 MES 技术支持下的智能化生产应用

在当下建筑业逐步向智能建造转型的背景下，生产过程智能化、运维过程智慧化以及建筑产品服务化等已成为热门的研究课题和工程命题，借助大数据与云计算等新兴信息技术，建筑产品生产过程逐步向智慧建造转变。同时，以新型建筑工业化融合为主流的建筑业变革正全方位展开，其核心问题即是如何将先进技术有机融合并实现资源、服务和生产管理的高度集成，实现生产模式的转型升级。2020 年 9 月，在住房和城乡建设部等 9 部门联合印发的《关于加快新型建筑工业化发展的若干意见》中明确指出，包括加强系统化集成设计、优化构件和部品部件生产、推广精益化施工、加快信息技术融合发展，进而实现设计标准化、生产工厂化、施工装配化、管理信息化以及智能化应用等。基于上述背景，建筑业尚存以下几个问题亟待解决：

①如何基于建筑产品生产特征将现有的工艺流程、解决方案和工具按一定方式紧密联系起来，提升建筑企业生产系统的可持续性及灵活性。

②如何将建筑企业信息化系统与新的生产服务模式相契合，各企业与上下游企业形成可动态调整的合作契约关系，进而实现供应链整体的产能利用率最大化。

③信息化系统如何基于实时生产数据等异构感知信息以及企业各层次内的功能模块，实现信息集成、处理、分析、统计以及绩效评估，从而评估企业的服务质量及企业自身的生产效益、产能利用率以及边际效益。

源自制造业中发展成熟的生产执行系统（MES），成了解决上述问题以及加速推进建筑业生产模式转型升级的主要着陆点之一。以 MES 为核心的生产信息化管理系统，通过集成 ERP、PLM、SCM 等生产管理系统的信息传递和交互，使企业的计划管理层与控制执行层之间实现了数据的流通，并进一步加强了对生产过程中的时间进度、产品质量、成本、制造资源、能耗等要素进行集中统一管控。上述思路与装配式建筑的生产标准化、施工装配化、参与主体多样化等生产特征是契合的，构建以 MES 为核心装配式建造生产信息化管理系统，可以将生产过程提供包括计划排产管理、生产过程工序与进度控制、生产数据采集集成分析与管理、模具工具工装管理、设备运维管理、物料管理、采购管理、质量管理、成本管理、成品库存管理、物流管理、条形码管理，人力资源管理（管理人员、产业工人、专业分包）等功能模块，打造成为一个精细化、实时、可靠、全面、可行的加工协同技术信息管理平台。以此将传统的单一建筑企业信息化系统转型为兼容多应用系统、多维度信息以及多服务目标的核心系统枢纽。

例如，在装配式构配件工厂生产环节中，为了使预制构件实现自动化生产，可集成信息化加工（CAM）、供应商管理（SCM）、企业资源计划（ERP）和 MES 的信息化自动加工技术，以此将 BIM 设计信息直接导入工厂中央控制系统，并转化成机械设备可读取的生产数据信息，用以支持构配件的标准化、智能化生产。此外，MES 在 BIM 的基础上搭建装配式构配件工厂生产管理系统，将 BIM 模型数据导入系统，系统与自动化设备的可编程控制器（PLC）集成连接，构件信息自动转化为加工设备可识别的文件，实现多种模块信息管理，最终达到全产业链的技术集成和协同、各方信息共享共用的智能建造。

4.5　建筑部品部件的工厂化生产

早在公元前 3800 年，英格兰人就用预制好的木材构件修建了最古老的工程公路，"建筑预制思想"就已经开始出现；预制建筑系统最早可以追溯到 17 世纪，发源于英格兰。1851 年在伦敦水晶宫采用了钢铁和玻璃预制装配式结构，让建筑工业化从思想逐渐过渡到行业实践和理论层。工业革命既引起了社

模块化
住宅(1)

会生产方式和社会生活的大变革，也带了空前的建筑革命。美国工程师 Grosvenor Atterbury 在 1910 年设计了美国纽约皇后区的森林山花园（Forest Hills Gardens）模块化住宅项目。在 1919 年，福特公司推出了一款宣导未来生活方式的教育短片"Home Made"（《自制》），用来倡导生产线制造的预制住宅在解决美国人民住房难问题上的极大潜力。

1915 年，柯布西耶就与瑞士工程师杜波依斯（Max Dubois）共同提出了一种被取名为"多米诺"（Dom-ino Houses）的钢筋混凝土框架住宅形式。这种住宅最大的特点就是**标准化**，它的每一个构件都在工厂流水线上像工业产品一样按照规定的模数成批生产出来，然后运到工地上，像多米诺骨牌一样进行组合排列搭配起来。它的墙面仅仅是一层隔断，它的位置完全取决于同样是工厂标准生产的家具位置。在这样的工地上，"总共只要一个工种的工人就可以造起住宅来了，这就是瓦工。"

建筑工业化大规模的实践是在第二次世界大战后，由于住房紧缺和劳动力缺乏，建筑工业化在欧洲得以迅速发展，后来因其在建筑质量、速度、经济、环境等综合的突出表现。建筑工业化在这一时期得到了推动性发展，从住区甚至到城市，都相继采用工业化、标准化的方式来进行城市修复和建造。

建筑部品和部件的工业化生产，从现场预制发展到工厂预制，在工厂中历经了手工化、机械化、自动化，现在逐渐发展为数字化、智能化、智慧化生产。在现代的数字化生产中，

以数字化模型为基础,采用自动化生产加工装置、装备对建筑部品和部件进行加工与拼装,可大幅提高生产和施工效率与质量。第一,精密的加工装备可对所需生产的建筑部件进行自动控制,使得制造误差相对较小,提高了生产效率;第二,对于建筑中所需的预制混凝土及钢结构构件,均可实现异地加工,而后运输至工地现场进行拼装,既可大大缩短建造工期,又可使建造品质可控。

建筑部品部件生产厂的智慧生产是随着技术的进步和融合,是逐步从以下几个阶段演化而来的。

▶ 4.5.1　游牧式预制生产

游牧式预制生产是指在施工现场建立预制构件生产线,进行预制构件生产的一种新型装配式结构建造方式。目前某些地方的建筑因建设投资大、建设周期长等问题,其工业化发展受到了一定程度的制约,而游牧式预制生产方式是根据项目的实际情况规划生成,使预制件产品更加模块化,并根据现场需求制造生产以及调整现场。该方式不仅关注客户需求,有很高的灵活性,可根据个人要求作出反应,也关注经济效益最大化。同时,此方式根据现场调整预制构件进度,适合于高周转项目;预制构件通过游牧式生产方式自产可以解决外部采购供应不足、运输费用高等问题。因此该方式可以有效解决建筑过程中远距离运输、高成本等问题,使建筑更高质以及过程低消耗。在使用游牧式预制生产时,需要考虑工业流程和环境、使用灵活的生产模块、方便移动和易于运输的工厂等来更好地减少库存和提前工期。同时,要在制订生产计划时充分考虑天气因素的影响。游牧式预制工厂的建设需要根据项目的实际情况制订相应的安全生产保证体系,人员的管理、必要设备的安全控制与检查以及重点内容的控制措施等都需要充分考虑,从而确保建设现场的安全生产。

游牧式生产预制构件需要场地,其产能有限。它的最大优势是适用范围广,灵活方便,适应性强,启动资金较少,建设周期短,构件运距短,损耗低,见效快。游牧式生产适用于产业化配套不完善的项目、小型项目、个别特殊项目等。但其自动化、信息化程度普遍较低,主要依靠人工来完成大部分工序的操作,如混凝土布料、振捣,当然工人手工作业的操作水平高低也直接影响预制构件的品质。

▶ 4.5.2　固定模台生产线

固定模台在国际上应用很普遍,在日本、东南亚地区以及美国和澳大利亚应用较广泛,其中在欧洲生产异型构件以及工艺流程比较复杂的构件,也是采用固定模台工艺。固定模台既可是一块平整度较高的钢结构平台,也可是高平整度、高强度的水泥基材料平台。以这块固定模台作为 PC 构件的底模,在模台上固定构件侧模,并组合成完整的模具。固定模台也被称为底模、平台、台模。

固定模台
生产线

固定模台工艺的设计主要是根据生产规模的要求,在车间内布置一定数量的固定模台,组模、放置钢筋与预埋件、浇筑振捣混凝土、养护构件和脱模等都在固定模台上进行。固定模台生产工艺,模具是固定不动的,作业人员和钢筋、混凝土等材料在各个固定模台间"流动",由起重机将绑扎或焊接好的钢筋送到各个固定模台处,混凝土用送料车或送料吊斗送到固定模台处，养护蒸汽管道也通到各个固定模台下，PC 构件就地养护，最后构件脱模后再用起重机吊送到构件存放区。

固定模台可以用来生产各种标准化构件、非标准化构件和异形构件，具体有柱、梁、叠合梁、后张法预应力梁、叠合楼板、剪力墙板、外挂墙板、楼梯、阳台板、飘窗、空调板和曲面造型构件等 50 多种构件。固定模台生产线也是我国现阶段保有较多的生产线之一，其主要设备包括提吊式料斗、料斗运输车和构件运输车等。

► 4.5.3　自动化流水生产线

自动化流水生产线是由自动化机器实现产品工艺过程的一种生产组织形式。其特点是加工对象自动地由一台机床传送到另一台机床，并由机床自动地进行加工、装卸、检验等；工人的任务仅是调整、监督和管理自动生产线，不参加直接操作；所有的机器设备都按统一的节拍运转，生产过程是高度连续的。在预制构件工厂的自动化生产线正是在制造业成熟的生产组织形式基础上发展起来的。

在自动化生产线中，预制构件的成套设备主要包括建筑 PC 构件、钢模台、混凝土布料机、赶平机、修磨机、拉毛机、立体养护窑、码垛机、侧翻机等。预制构件工厂的自动化生产线一般分为原料处理区、钢筋加工区、流水生产区、养护储存区以及中央控制区。其中，原料处理区主要有原料储存堆放、配料、计量、输送、搅拌等设备；钢筋加工区主要有自动化钢筋加工设备、焊接设备、自动钢筋配置设备和摆放机械臂等；流水生产区主要有模台循环设备、模台清洁装置和脱模剂喷洒装置、划线机、置模机械臂和拆模机械臂、混凝土布料机、振捣和抹平装置等；养护储存区主要有混凝土养护设备（养护室／仓／窑）、堆垛机和储运等设备；中央控制区主要包括对置模、钢筋加工、搅拌振捣以及养护等过程的控制。而预制构件的自动化生产线生产流程和固定模台工艺的生产流程相比无较大差别，可以概括为模具组装、钢筋及预埋件布置、混凝土浇筑、振捣和表面处理、养护和脱模存储等 5 个过程。

随着市场需求的增加和高质量品质要求，国内一些企业为了提高生产效率也都开始搭建工厂化的预制构件流水生产线。流水线生产方式适合简单构件的制作，如桁架钢筋叠合板、双面叠合墙板、平板式墙板等类型单一、出筋不复杂的构件，流水线可达到很高的自动化和智能化水平。目前，有手控、半自动化和全自动化 3 种类型的流水生产线。

（1）手控流水生产线

相比而言，手控流水生产线的自动化和智能化水平相对较低，很多器械和步骤还需要人工操作，比较适用于生产框架体系结构构件和异形构件等标准化程度较低、生产工序烦琐的构件。

（2）半自动化流水生产线

半自动化流水生产线的自动化水平相对较高，大部分生产步骤都由系统控制机械完成，需要人工操作的地方大幅减少，比较适用于生产叠合楼板、内墙板、外墙板等标准化程度高、生产工艺相对简单的构件。生产线从平台清理、划线、装边模、喷油、摆渡、布料、振捣、表面整平到养护、磨平、养护、脱模等生产工序，全部采用自动生产为主，手动为辅的控制方式进行操作。

（3）全自动化流水生产线

全自动流水生产线基本上不依赖人工操作，能够智能化地进行优化排程、多智能体柔性协作生产。

▶ 4.5.4 建筑部品部件工厂生产数字化的应用

目前的建筑部品部件工厂化生产的自动化生产线除了在预制混凝土构件生产线中广为应用外，在钢筋加工、钢筋网片加工、钢结构加工、幕墙加工中更为成熟。

在自动化生产线中，钢筋加工是混凝土结构施工的重要环节，特别对于标准化的预制混凝土部件。现阶段，预制混凝土构件加工厂广泛应用了钢筋自动化加工设备，可对钢筋的调整、剪切、弯曲及绑扎等工序进行自动加工，生产效率与加工精度相比于传统手工加工方式均有较大幅度的提高。自动化钢筋加工的流程为：首先根据施工图纸完成钢筋 BIM 建模，然后基于 BIM 生成钢筋图加工单，最后通过钢筋加工设备与 BIM 软件接口，实现钢筋成品数字化加工和拼装。

钢筋网片加工目前也是自动化程度较高的环节。钢筋网片具有标准化程度高、应用广泛等特点，采用钢筋网片焊接机加工生产具有自动化程度高、产量大、精度高、调整方便等优点，已广泛应用于高速公路、地铁、桥梁、机场、隧道、堤坝等工程。

钢筋网片焊接机主要由放线架、导线架、纵筋在线矫直装置、纵筋牵引装置、储料架、纵筋步进送料装置、焊接主机、横筋自动喂料装置、网片剪切机、网片收集装置、网片输送轨道等组成。钢筋网片焊接机采用横筋自动喂料系统，无须人工，可实现连续准确地喂料；纵筋步进送料装置方便调整纵筋间距，适用于多种规格网片焊接；焊接机器人对钢筋骨架进行自动焊接；成品网片收集装置由收缩轨道、机械手、升降轨道组成，可实现网片自动码垛，放置整齐，生产效率高等目标。

幕墙整体式单元系统在建筑幕墙产业中最具工业化的特质，尤其在工厂制造时更适宜于运用数字化技术实现流水线生产和无纸化加工。整体式单元系统，一般由竖向龙骨、水平龙骨、玻璃面板、不锈钢面板和挂接系统等组成，采用数字化加工技术对材料统计和下单的准确性、数控加工的精度和部件组装的成品检测进行严格控制，再辅以常规的幕墙制作产品质量管控手段，可以提高幕墙单元系统的产品质量和加工效率。

预制混凝土建筑部品部件的工厂化生产尚未达到完全的智能化或智慧化，我国装配式工厂中采用机器人实现全智能化的生产线并不多。自 20 世纪 50 年代开始，美国 SPANCRETE 机械就不断实践和创新，研制出世界领先的空心板生产工艺和生产线——干硬性混凝土冲捣挤压成型生产工艺。该生产线可长达数百米，生产线依次配备放线设备、挤压成型设备、切割设备、吊装设备、牵引小车、张拉机、桥式起重机、搅拌站、叉车、装卸机、平板车、龙门吊、吊架，该生产线可连续大批量生产预应力空心板（SP 板），无须模板，不需蒸汽养护，一次成型。此外，意大利某公司的 PC 生产线在钢筋切割、数控划线、边模布置、布料缓解等过程中均采用机械臂替代人工操作，一条生产线仅需 6 个工人进行操控，智能化程度高，生产工艺配置先进。

思考题

1. 智慧生产的特征有哪些?

2. 简述智慧工厂的数字化是什么?

3. 智慧生产 CPS 技术的框架是什么?

4. 智慧生产 MES 的定义是什么?

5. 智慧生产 MES 与 ERP、PLM、SCM 的关系是什么?

6. 装配式建筑构件的生产线有哪几种形式?

第 **5** 章

智慧施工

5.1 概述

　　施工环节是建造过程的关键实施阶段。智慧施工主要是运用数字化、智能化、自动化和智慧化技术辅助工程建造，利用新一代信息化技术对施工生产要素、建造技术进行赋能，从而产生新的施工组织方式、流程和管理模式。

　　智慧施工包含施工装备、施工技术、施工全要素管理的智慧化升级，聚焦施工生产一线，通过对施工现场"人、机、料、法、环"等关键要素的全面感知和实时互联，实现施工的数字化、在线化、智能化。依托智慧工地系统的终端大脑，管理人员能在远程进行监控和决策，现场由机器人、无人机进行扫描建模和现场作业，工人结合多种智能化施工机械以人机协同的模式进行替代大部分人工劳作。整个过程通过数字化模型来驱动，实现现场工地的自动化，从而大幅提高生产效率，有效避免现场质量缺陷和安全事故，从而搭建一个以进度为主线、以成本为核心、以项目为主体的多方协同、多级联动、管理预控、整合高效的智能化管控系统，保障实现工程质量、安全、进度、成本建设目标。

　　目前国内数字化和智能化施工正处于发展阶段，由于工程的类别多，全部覆盖施工技术类型较难，因此，本章重点介绍施工装备的智能化、部分关键的施工技术智能化及施工工地的智慧化。

5.2　智慧施工的实现路径

▶ 5.2.1　智慧施工的技术时代

工程施工建造技术时代可以划分为：
- 第一阶段：人工为主的"人抬手搬"工程施工时代；
- 第二阶段："人工＋机械"的工程施工时代；
- 第三阶段：机械为主的"机械化"施工时代；
- 第四阶段：自动化施工时代；
- 第五阶段：建筑工程数字化施工时代；
- 第六阶段：建筑工程智能化施工阶段；
- 第七阶段：建筑工程智慧化（超智能化）施工。

目前建筑行业正处在第三、第四、第五阶段协同发展期，仅有部分工序实现了半自动化、自动化和数字化施工，而在智慧化工程施工技术发展上，制造行业的机器人已经跨进了基础智能化，而建筑业目前还只是研究阶段，因此在自动化和数字化施工技术上发展的空间非常大，但实现工程施工的智慧化不仅需要加大力气从事该方面的研究，还需要协同产业上下游开展技术研究，将工程施工的无形经验与智慧用机器和系统展示出来。

▶ 5.2.2　智慧施工的实现进程

智慧施工是一个跨领域、跨专业的技术体系，需要各行各业的通力协作，以发展工程施工智能化和智慧化技术的基础部分发展包括信息化技术、BIM 技术、核心算法、数字化施工技术与装备等内容。

初期的智慧施工主要体现为集成性创新，即利用先进的集中管控系统平台，提高人均生产效率，将施工现场的人工数量降至传统技术的 1／2。如果以路基施工为例，则 1 人可以利用管理平台远程集中操作多台设备，例如 1 个人可以操作 1 台挖掘机，1 台运料车，1台压路机，形成联合施工，减少人工投入。智慧施工使得施工现场由原来的"人海茫茫"变为"机器茫茫"，人在办公室运用集中管理平台完成对机器的指挥操控，其中，集中管理平台是智慧化施工实现的基础。这一个阶段需在施工区域建立局域网，用网络实时传输，确保视频和操控指令的传输信号通畅。采用定位系统精确定位设备的位置和操控状态，当信号丢失时可以转为人工操作或暂停施工。需要说明的是，BIM 技术是数字化施工技术的基础，其可以更好地应用于该阶段，使施工的工程量及投入可以快速统计，数字化可视化工程施工进度，进度监控与调整，合理化施工进度调整，从而形成一种先进的施工管理技术。目前，国内的无人机集群操控技术的实现预示着该项技术完全具备了实现的条件。

中期的智慧施工则是在集成性创新基础上组建半智能化操控平台。半智能化操控平台系统主要是无人驾驶技术支持下的程序化智能施工。在施工领域，该平台可以采用程序定制化,将半智能化应用于重复率较高的工序中,以达到降低人工成本,提高施工工效的目的,从而实现半智能化管控施工。

真正意义上的智慧施工技术要等到智能化机器人、无人驾驶技术完全成熟后,让机器代替人工来实现,这个阶段实现的关键是核心算法。针对不同模块开展施工工艺如何转化为机械施工的算法研究,是为了把专家的智慧通过计算机转化为智能化生产力,并将专家的智慧累积和延续下去。最终,建立施工经验智慧数据云库,将专家的智慧融入数据库中,并随着数据的征集和丰富,以及工程施工机器人的学习和分析,逐步实现机器人完全替代人工的施工。

5.3　施工装备的智能化

传统建筑生产方式普遍存在着建筑资源能耗高、生产效率低下、工程质量和安全堪忧、劳动力成本逐渐提高、资源短缺等问题。因此需要在现场施工器具、机械上实施智慧化的变革,施工工具是改变施工环境的重要抓手。在 BIM、物联网、大数据等新一代信息技术融合的情况下,施工工具已在性能、安全、方面均有了较大提升,建筑生产能够通过传感器、摄像头、无人机等方式进行数据收集,利用云计算、大数据技术进行现场施工管控,协调优化各种器具、机械之间的关系,从而提升生产效率。

施工装备的智慧化,也就是建造过程中装备的机器人化,以替代传统的人工、机械器具。主要服务于两类任务:一是辅助性措施类任务,二是取代劳动力执行工艺施工类任务。本书将它们归类为智能施工机械器具和工程建造机器人(表 5.1)。

表 5.1　智能施工机械和工程建造机器人清单

应用模式	任务类型	机器人类别
智能施工机械机具	措施类机械	智能爬架
		智能塔吊
	现场巡检类机器人	空中巡检机器人
		地面巡检机器人
	运输类机械	智能盾构机
		智能搅拌机
		智能推土机
		智能挖掘机
工程建造机器人	预制结构机器人	预制钢结构机器人
		预制混凝土结构机器人
		预制木结构机器人

续表

应用模式	任务类型	机器人类别
工程建造机器人	钢筋加固生产和定位机器人	钢筋加固生产机器人
		钢筋定位机器人
		钢焊机器人
	主体结构施工类机器人	砌砖机器人
		建筑结构装配飞行机器人
		表皮安装机器人
		铺砖机器人
		外墙涂装机器人
		防火涂料机器人
	运营、维护机器人	翻新机器人
		维护和检查机器人
	拆除、回收机器人	拆除机器人
		回收机器人

智能
造楼机

► **5.3.1　智能施工机械机具**

（1）智能造楼机

智能造楼机（图 5.1）与普通造楼机相比，最关键的是它的智能化顶升系统。与其他造楼机费时长且人工操作的顶升过程相比，智能造楼机利用智能化管理系统，通过传感器获

图 5.1　智能造楼机
（图片来源：搜狐新闻）

取机器的顶升情况数据，包括位移等，再将数据上传到系统进行处理分析，以便及时根据数据进行纠错。智能化顶升系统不仅提升了 50% 的顶升速度，而且还减少了人工的操作，方便又快速。智能造楼机通过智能控制，使全部楼面房间的标准化模板在浇筑 20 h 后可以平行脱模，整体提升，并在 45 min 内升高一个楼层。接着就是利用叠合板的原理，现场浇注楼板，全部工期（包括装修在内）7 天就能完成。同时配备的智能喷淋养护系统，可以进行远程控制，自动覆盖等操作，既可有效吸附空气中的灰尘和颗粒，完成混凝土养护工作，还可在夏天为室外工作人员降温，改善施工环境、保护建筑工人健康，响应绿色环保的理念。

（2）智能塔吊

与普通塔吊相比，智能塔吊（图 5.2）安装了可视化系统，主要由安装于塔吊吊臂、塔身及传动结构处的各类传感器、驾驶室的黑匣子、塔司的人脸识别考勤、无线通信模块以及在远程服务器部署的可视化系统组成。智能塔吊可视系统可实时获取塔吊当前运行参数，对塔吊起重量、起重力矩、起升高度、幅度、回转角度等进行精确控制，同时配备预警限位控制系统、超载预警、三维立体防碰撞、大臂绞盘防跳槽视频监控等以实现塔机运行状态以及群塔交叉作业情况的实时监控。当塔机将发生碰撞等安全隐患时，智能塔吊可视系统可报警并进行制动控制。风速、天气预报、全程可视化作业等功能可以有效帮助现场施工人员实现塔吊安全作业。通过线上管理平台，项目管理人员可以远程实时监控塔吊运行状态，及时发现违规操作行为。

智能塔吊

图 5.2　智能塔吊
（图片来源：搜狐新闻）

（3）智能盾构机

智能盾构机（图 5.3）包括全自动智能化管片拼装系统、智能化远程安全监控管理系统、绿色环保管路延长装置及泥水分层逆洗循环等核心技术。

①全自动智能化管片拼装系统。全自动智能化管片拼装系统只需一个按钮，智能盾构机就能实现隧道内管片的自动运输抓举拼装，既可大幅提高管片拼装质量与进度，又可减轻工人作业强度、提高拼装效率。

智能盾构机

图 5.3　智能盾构机
（图片来源：搜狐新闻）

　　②智慧化远程安全监控管理系统既可实时记录盾构掘进数据，管理风险边界，及时报警并提供解决措施预案，又可实现盾构机远程故障诊断及远程控制，实现盾构机全生命周期管控。

　　③绿色环保管路延长装置解决了隧道内泥水溢出的施工环境污染。

　　④泥水分层逆洗循环技术能有效应对岩溶复合地层及断裂带的掌子面塌方、泥水管路堵仓滞排、刀盘结泥饼等施工风险，迅速恢复刀盘掘进功能。

　　（4）智能推土机

　　智能推土机（图 5.4）是利用全球定位系统（GPS）和安装在工程机械上的传感器实时掌握工程机械自身的位置、挖掘地面的铲刀和机械臂的状态以及地面情况等数据，将作业指示数据传送到工程机械配备的控制盒后，可以一边利用测量系统确认情况、一边施工的自动工程机械。推土机经常工作在地面不平、岩石状况复杂的地方，履带打滑现象不断发生，

图 5.4　智能推土机
（图片来源：铁甲工程机械网）

当发生严重打滑时，牵引力势必下降，不仅降低了履带寿命和作业效率，而且增加了油耗。智能推土机上装有功率传感器，可实现对履带打滑的控制。与人工控制相比，在作业量相同的情况下，履带打滑率减少了 30%，燃油消耗减少了 5%，履带磨损减少了 20%~30%。智能推土机上还装有电子监测系统，能利用安装在设备上的各种传感器，通过液晶显示屏监测发动机油压、水箱水位和水温、变矩器油温及液压油油温。减轻人的体力和脑力劳动，把人从繁重的、危险的劳动中解放出来，并带来显著的经济效益，是智能推土机的发展动向。

（5）智能搅拌车

智能搅拌车（图 5.5）能在驾驶室和手机 App 上实现车辆的智能控制，完成进出料、料斗上下左右位置的调节、罐体内部清洁以及车体润滑等多项工作。驾驶员只需留在驾驶室或者通过 App 远程遥控操作就能完成全流程工作，不再需要其站在泵车附近，减少驾驶员的下车次数，从而极大地提高效率。

图 5.5 智能搅拌车
（图片来源：瑞江汽车）

同时，为了保证车辆外行人的安全，车上的 BSD 右侧盲区监控系统可以自动对右侧盲区进行人进行识别，并在驾驶室内外均进行分级预警。在车辆的行驶过程中，后尾部双向预警系统能够基于后车与搅拌车相对车速及距离进行及时启动预警，当判断出可能会发生碰撞风险时，车灯会立即闪烁并发出声音预警提醒驾驶员以及后车，降低事故安全隐患。此外，智能搅拌车的智能称重系统还能实时监测车辆的载重情况、车速、轨迹等参数，并配合正反转监测和电子围栏，将数据及时上报给监控平台，防止出现中途卸货的情况。全程自动记录各参数情况，以实现企业低成本高精度载重监控的目标，达到车辆高质量运营管理的目的。智能搅拌车罐体搭载有智能化传感装置，使驾驶员通过车载屏可以实时检测罐体转速、转向，混凝土坍落度、水灰比、温度等实时信息，一旦出现数据异常便会及时报警，系统能及时提醒驾驶员及施工方重新调配参数，以使混凝土达到最佳配比，不仅保证了驾驶员的行车安全，而且还实现了企业利益最大化。

（6）智能推土机、挖掘机

日本小松公司一直致力于利用全球定位系统（GPS）和传感器等，开发可实现无人驾驶和自动化操作的机械。2008 年，小松公司开发了在矿山固定路线上高效行驶的超大型翻斗卡车的无人运行系统。2013—2014 年，小松公司推出了能实现整地和挖掘等自动化的推土机和挖掘机，尽管需要人工操作，但即便是新手也能够完成复杂作业，小松的无人翻斗卡车和自动建筑机械利用 GPS 定位信息以摄像头和传感器等掌握周围情况避免发生碰撞危险。建筑工程现场与矿山相比，存在行驶路线复杂等众多变化因素。一般情况下，无人建筑机械因开发成本巨大、价格高昂，将很难在建造过程中达到降低成本的目的。因此到目前为止，仅实现了操作方面的自动化。

小松机具路径规划如图 5.6 所示。

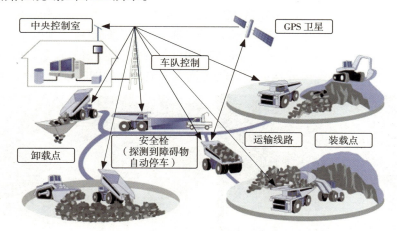

智慧挖掘机

图 5.6　小松机具路径规划
（图片来源：日本小松公司）

▶　5.3.2　工程建造机器人

建筑机器人

建筑机器人是指具有机器人特征的更复杂、更智能的机械类型，其具有填补劳动力缺口、确保施工安全和质量、提高工作效率等优势，并因此受到建筑业广泛关注。在建筑机器人正式概念或研究出现之前，建筑业机械化的启蒙可以追溯到 19 世纪 50 年代，当时工人用风和水车为机械提供动力。然而，受限于思想及当时技术发展水平的限制，建筑机器人领域的概念及开创性研究疑似直至 120 年后才得以启动。具体来说，Fahlman 于 1974 年为机器人开发了一个用于生成特定结构的施工计划的计算机程序。这意味着自 20 世纪 70 年代起，建筑机器人相关的研究工作已经开始展开。随后，日本清水株式会社于 1982 年成功将一台名为 SSR-1 的耐火材料喷涂机器人应用于现场施工，为全球范围内对建筑机器人的探索奠定了基础。美国、法国、英国和新加坡等国随后纷纷投入对建筑机器人的研发。此后，随着工程施工的实际需要和建筑机器人研究的深入，20 世纪 80 年代后期，建筑机器人开始尝试规模化生产，其中又以有"机器人王国"之称的日本最早，包括本田公司、鹿岛建设株式会社等企业都开始了建筑机器人的规模化生产。

近年来，随着新兴技术不断涌现，建筑机器人自身不断集成计算机视觉、深度学习、BIM 和增强现实等技术，在焊接、砌墙、喷涂和垃圾分拣等单任务施工方面取得了一定进展，一定程度上缓解了建筑业劳动力短缺问题。然而，由于建筑施工环境的复杂性、分散性和不可预测性，目前建筑机器人技术整体上仍处于探索和研发阶段。

工程建造机器人的出现本质上是对传统劳动力的"体力"替代，传统的施工现场是典型的非结构化场景，其复杂程度远远高于制造业结构化的工厂环境，要解决的问题远比工业机器人要复杂得多。工程建造机器人的出现，能够将人从危险、沉重、单调重复的作业中解放出来，较好地改善工作环境、解决劳动力短缺问题、有效提高建筑业的生产效率，对建筑业的转型升级和发展具有重要意义。

（1）砌砖机器人

美国公司推出了一款名为 SAM100 的砌砖机器人（图 5.7），能够通过传感器和激光器来测量倾斜角度、速度、方向等各种参数，最终通过算法完成定位实现砌筑。通过激光器装配在机器人工作空间左右两侧之间，精准实现构件位置的定位，使机械臂能随着工作进度沿墙壁上下移动。该机器人每天可砌砖 3 000 块（国内一名工人的砌砖量为 800 ~ 1 200 块 / 天）。

图 5.7　砌砖机器人
（图片来源：Fost brick Robotics）

在澳大利亚诞生的世界上第一台全自动商用建筑机器人 Hadrian X，它能以 200 块 / h 的速度全天 24 h 进行铺砌，但成本较高，达到 200 万美元。Hadrian X 利用建筑胶来替代传统水泥进行砖块黏合，大大提升了建筑的速度和强度，还能改善结构热效应，从而提高结构耐久性。Hadrian X 可针对不同尺寸的砖块，进行切割等各种工艺技术处理。目前，上述两款机器人均已投入商用。

（2）墙 / 地面施工机器人

在国内，河北工业大学、河北建工集团在 2011 年研发了我国第一套面向建筑板材安装的辅助操作机器人系统——C-ROBOT-Ⅰ（图 5.8）。该机器人系统面向大尺寸、大质量板材的干挂安装作业，可用于大理石壁板、玻璃幕墙、天花板等各类板材的安装，广泛应用于大型场馆、楼宇、火车站与机场工程项目的安装作业。C-ROBOT-Ⅰ由搬运机械手、移动本体、升降台和板材安装机械臂组成，采用超声波、激光测距仪、双轴倾角传感器、结构光视觉传感器等进行板材姿态检测与调整控制，从而保证板材安装的精准。其最大承载能力约为 2 t，满载时移动本体平面移动速度为 8 km / h，最大安装高度可达 5 m，最大可操作板材尺寸为 1 m × 1.5 m，可操作板材质量达 70 kg 以上，安装精度约为 0.1 mm。在该系统的支持下，两名工人便可完成大型板材的安装，工作效率较传统作业方式可提高约 30 倍。

（3）喷涂机器人

韩国仁荷大学与大宇建筑技术研究所合作研发的外墙自动喷漆机器人能够实现全自动喷漆，如图 5.9 所示。该机器人的喷漆装置零部件包括压缩机、油漆罐、刷子、流量传感器、油漆测厚仪等，采用一个基于 PID 恒流量控制系统对喷漆的流速进行精确控制。其最大优势在于可以实时监测周围风速大小，自动地改变吸盘吸力大小，确保其稳定地进行作业。经测试，该机器人可以 0.11 m／s 的速度移动喷漆。

图 5.8　墙／地面施工机器人
（图片来源：河北建工集团）

图 5.9　喷涂机器人
（图片来源：李朋昊 等（2018）. 建筑机器人应用与发展）

（4）清拆机器人

传统粗放式的清拆作业，资源利用效率低下，使得大量混凝土材料被当作垃圾处理，并且后续也需要大量的人力对材料进行分离回收处理，而且后续的材料（如钢筋）分离回收又会造成人力的巨大耗费。因此，目前所研发的清拆机器人的作业方式包括两种：一种是"冲击破碎"，另一种是"分离回收"。

以冲击破碎为作业方式的清拆机器人大多是从人为驾驶的清拆设备发展而来，其主要特点是以无线遥控操作技术来代替原有的人工驾驶系统。美国 Brokk 公司研发清拆机器人已 40 余年，研发了共计 17 台 Brokk 系列清拆机器人［图 5.10（a）］，能够基于不同场景和环境的建筑条件完成各类拆除任务。通过使用遥控技术，该公司可以将 Brokk 清拆机器人主要用于楼宇降层拆除、大型商场室内改造拆除、地铁隧道岩石破拆、构筑物中的梁板柱拆除等一系列拆除施工。由于其体积小巧的特点，Brokk 机器人可以在小挖和风钻作业的隧道等场景中轻松出入，完成破拆作业。

采取分离回收方式的清拆机器人系统能够在混凝土与钢筋剥离的同时完成资源的回收。瑞典默奥大学所开发的 ERO 机器人［图 5.10（b）］系统即基于这一思路。ERO 机器人由移动本体和机械臂组成，通过高压水枪喷射混凝土表面，使其内部产生许多细微的裂缝，随后瓦解剥落。因此，混凝土中的砂石、水泥与钢筋就可以分离，砂石和水泥可以进行回收打包，以供未来进行重复利用。ERO 机器人系统目前正处于生产测试阶段，其所倡导的资源再利用、无污染清拆理念，代表了清拆机器人未来的发展趋势。国内目前也有一些企业研发了基于高速射流的破拆设备，但在拆除材料进行资源化回收方面还有所欠缺。

（a）Brokk 清拆机器人　　　　　　　　　　　　（b）ERO 机器人系统

图 5.10　清拆机器人

（图片来源：于军琪（2016）. 建筑机器人研究现状与展望）

（5）智能巡检机器人

智能巡检机器人（图 5.11）在对建筑各主要用能系统开展巡检的同时，也可作为建筑现场的中继装置，负责各类设施设备能耗数据、BA 系统数据及运行参数的采集和上传。数据采集主要依靠图像识别和无线传输。巡检机器人可以通过自身搭载的高清可见光及红外摄像机，配合机械臂采集建筑设施设备或各类表具的高清图像，并采用计算机视觉技术对图像数据进行深度学习算法处理，可对建筑设施设备的种类及故障等进行自动识别。此外，通过图像识别功能，智能巡检机器人也可实现对电梯及其他设备的操控。智能巡检机器人还具有红外温度识别与故障诊断功能。机器人在进行红外普测前可预先设置检测点位，并对检测点进行整体扫描式设备识别和温度采集，保证了区域内的设备不被遗漏。机器人将每日保存测温照片，跟踪数据动态变化并形成报表，如发现明显突变的情况，运维人员将收到提示信息并进行现场核对。运维人员还可以使用巡检机器人进行精确测温，而综合机器人巡检能力以及测温覆盖率和准确性，分析总结每类设备可能发生故障的关键测温点。通过建筑设施智能巡检机器人所携带的高精度温度、湿度、CO、CO_2、$PM_{2.5}$ 浓度等传感器以及烟雾感应器，机器人可以实时采集环境参数并上传至平台分析处理，一旦发现参数异常，便可以通过现场语音播报或者通过平台告知运维管理人员。巡检机器人内置的烟雾感应器和报警器可随时随地进行监测，一旦感应到烟雾，安全报警功能就会启动。机器人一方面会进行线上和线下报警，也会同时启动红外测温，自动寻找烟雾来源，拍摄现场照片，并将位置发送至云平台，方便运维人员第一时间赶到现场，另一方面，现场也会通过语音来对烟雾情况进行告警，以便及时处理问题。

图 5.11　智能巡检机器人
（图片来源：大陆智源公众号）

（6）钢结构机器人

钢结构在大厅、飞机库、工厂、大型会议中心等建筑中广泛使用。这种结构的特点是标准化，因此使自动化成为钢结构施工方式的可行的选择，但钢结构需要复杂的连接系统和连接操作，需要组装机器具备高水平的灵巧性和准确性，钢结构机器人（图 5.12）很好地满足了这种需求。并且钢结构机器人可以将一些大而重的钢结构部件准确、安全地处理和连接，此外，其还可以代替人工进行构件的焊接，既可避免人工焊接时造成的灼伤、视力损伤、吸入有毒气体等伤害，又可保证焊接质量的稳定，提高一次探伤合格率。钢结构机器人的引入，使生产效率提高了 1 倍以上，大大降低了工人劳动强度，并且其能够更好地控制和保证焊接部件之间的连接质量。例如梁上两个或多个不同但协调的位置可以同时自动焊接甚至能够确保钢结构部件不会变形，从而保证高精度。

图 5.12　钢结构机器人
（图片来源：搜狐新闻）

（7）混凝土结构机器人

混凝土结构机器人主要分为混凝土配送机器人和混凝土精加工机器人（图 5.13）。混凝土配送机器人用于在大面积或模板系统上分配具有均匀质量的混合混凝土。使用高性能机器人与使用高性能混凝土供应泵是互补的。该类别的系统范围包括从水平和垂直物流供应系统到紧凑型移动混凝土分配和浇筑系统，可在各个楼层较大的范围上运行。机器人通过简单的预定动作，以准确的方式重复运动，使混凝土分配和浇筑系统能够均匀分布混凝土。目前该混合系统还未达到完全的自动化，仍需要专业技术人员监督指导。

图 5.13 混凝土精加工机器人
（图片来源：搜狐新闻）

在施工现场进行混凝土处理时，建筑工人经常被要求在作业过程中对混凝土进行调平和压实。混凝土精加工机器人的出现提高了工作效率和劳动生产率，并保持了整个表面的整体质量。混凝土精加工机器人的出现能够充分将混凝土中的空气除去，压实混凝土混合物内的颗粒，强化混凝土及增强材料的密度，加强混凝土与钢筋之间的黏结。并且，它还把建筑工人从重复机械化的劳动中解脱出来，在保证施工质量的同时还减轻了施工人员的工作负担。

混凝土 3D 打印机器人将以上两种技术整合，最终实现建筑结构的一体化施工，清华大学建筑学院徐卫国教授团队自主研发"机器人 3D 打印混凝土移动平台"，其组成包括可移动机械臂及 3D 打印设备、轨道及可移动升降平台、拖挂平台等。这项机器人技术只需 2 人在移动平台上操作按钮，即可完成整栋房屋的打印建造，实现在施工现场完成所有基础、墙体、屋顶的直接打印，它充分集成并简化了混凝土 3D 打印的工艺，极大程度减少用工量，施工速度快，建造成本低。最近将这两项科技成果成功应用于非洲低收入住宅的样板房实际打印建造，在清华大学无锡应用技术研究院实验基地，建成真正意义上的 3D 打印混凝土建筑。

（8）预制木结构机器人

面对越来越大并且日趋复杂的木结构建筑产品需求，传统木结构加工工厂已经逐渐无法满足。在常规生产过程中，工厂往往需要花费大量的时间与精力处理建筑模型，将设计图转换成工人可阅读的加工图，出图的失误与加工的误差自然难以避免。不仅如此，一旦修改设计，又会使造价与工时大幅度增加。预制木结构机器人（图 5.14）的出现，使设计师只需提供通用的设计成果数据格式，例如 CAD 软件中的模型与图层信息，机器人软件会自动提取相应图层信息，将木构件的几何数据，例如孔位、深度、孔径、槽宽、槽深、角度等信息与机器人的路径规划进行智能关联，自动生成每一个工艺的加工路径。整个流程基于建筑行业的通用软件，通过图形化的操作降低生产线上技术人员的编程难度，首次实现了在大型木构件预制生产中 CAD 图纸与机器人建造的自动化对接。另外，设计师和工厂操作人员可在软件界面中直观地看到机器人工作全流程的模拟动画，并通过限位报警和碰撞信息等分析出加工过程中可能出现的各种危险，及时调整设计与加工策略。同时，软件生成的机器人加工程序可以一键启动机器人进行工作，完全脱离机器人示教器，整个操作过程高度智能化、便捷化。机器人系统地介入取代了工人读图和放线的传统生产过程，同时提升了切割、开槽、打孔效率和准确性。经实践分析，大尺度木结构的加工过程耗时减少 40%，单台机器人的产能可替代两个熟练技工。

图 5.14　预制木结构机器人
（图片来源：预制建筑网）

（9）钢筋加工生产和定位机器人

钢筋混凝土结构需要大量钢筋加工生产相关的施工操作，包括切割、弯曲、绑扎、精确布置以及加强筋元件或网格在楼板或模板系统中的定位，均具有一定的操作难度。钢筋加工生产和定位机器人（图 5.15）不但可以大幅度提高效率与精确度，提高与加固生产定位相关工作的生产力和质量，还可以降低对员工健康的影响和施工风险。钢筋弯折机器人可以布置在预制化工厂，施工工地上使用中小型机器人装备需要高度移动性和紧凑性，以适应临时部署的要求。此外，该类机器人也包括较小尺寸的移动机器人，可以帮助各个楼层的工人处理、定位和固定局部加强钢筋元件。

（10）装配式飞行机器人

装配式飞行机器人（图 5.16）不仅可以应用于检查、监测、测量等任务，还可以应用于工程物流和建筑结构装配。此外，装配式飞行机器人由于独立于道路和其他基础设施，可将场地从诸如起重机等重型设备中解放出来的优点充分发挥，但在全面实施整体工程方面所面临的挑战仍是巨大的（有效荷载、电源、组装方法等）。研究人员目前正在重点研究飞行轨迹、算法、建筑模块化、组装顺序和自动化通道等相关技术方法。目前,已经可以利用装配式飞行机器人进行较为精密的装配操作。

图 5.15　钢筋加工生产和定位机器人
（图片来源：城市技术公众号）

图 5.16　装配式飞行机器人
（图片来源：中国知网）

图 5.17　表皮安装机器人
（图片来源：Glass Land Company）

（11）表皮安装机器人

建筑立面单元安装操作包括窗户的定位和调整、完整的立面单元安装或建筑物的外墙安装。现代建筑特别是高层建筑中的立面元素与钢筋混凝土或钢结构主体是相对独立的,因此可以被认为是一种表皮系统。立面单元的安装操作是相对复杂的操作过程,涉及将重型部件或单元构件精确地定位在建筑工人难以接近的位置。此外,预制外立面单元的定位和对准要求精度高,误差小。表皮安装机器人（图 5.17）不但可以完美地符合要求,提升施工质量,还可以大大提高生产效率。截至目前,立面单元安装系统一直是研发部门的热门话题。该类别包括可在单个楼层上使用的移动机器人,用于安装立面构件的具有高度移动性的蜘蛛式起重机等,都具有非常重要的实用价值。

（12）防火涂料机器人

在许多国家，建筑相关法规要求钢结构应覆盖防火涂料。若使用工厂预置防火涂料的钢结构，只有在钢结构都得到精准的连接，并且在组装操作期间避免对防火涂层造成任何损坏的情况下，才能保证其可行性与安全性。因而使工厂预置防火处理显得不实际，现场防火涂料机器人（图 5.18）便应运而生。特别是在由于地震等因素鼓励广泛使用钢结构的国家，在现场搭建后，能够对钢结构进行涂装的自动化机器人系统的开发和使用具有大量的实际需求。在这类机器人领域，诸如 SSR1、SSR2 和 SSR3 等机械系统的发展从 1980 年延续到今天，已经出现了很多种类的建筑机器人。该类别可以分为两个主要的子类别： 一类是系统安装在移动平台端的机器人操纵器上，可以跟随要涂装的构件移动；另一类系统则直接连接到梁或柱，借此沿着它们所涂覆的构件移动。

图 5.18　防火涂料机器人
（图片来源：新加坡南洋理工大学）

（13）回收机器人

回收机器人（图 5.19）不但会进行废料的回收，还会对废弃建筑进行拆除。它会首先扫描整个墙面，测算出清除路径，然后开始相应的拆除工作。然后使用高压水枪将混凝土破坏和粉碎，最后剩下的就是有锈斑的钢筋。整个过程看起来像被逐层擦掉一样。与此同时，机械头还有强大的吸力回收装置，能够在击穿墙面的同时把废水废料吸到体内。随后这些废水废料会被机器里面的离心系统分类，水泥废料会被包装起来送到附近的水泥厂处理，而废水则循环再用。

图 5.19　回收机器人
（图片来源：Archello）

5.4　施工技术的智慧化

现阶段社会对工程施工技术要求水平不断提升，工程施工技术与现代信息技术的有效结合可有效提升工程的施工质量，实现施工的精细化管控。施工中相关的建造技术非常多，不同工程的施工技术差异较大，难以全部覆盖，本节重点从共性技术、典型应用上进行介绍。

在施工阶段，每一类施工技术的智慧化升级中，需要构建 3 个核心部分，分别是数字化模型、监测系统、控制系统。

（1）数字化模型

数字化模型是对工程实体的数字化建模，它承载着工程的数据信息，通常以 BIM 技术为主流建模技术。数字化模型既可用于工程模拟仿真、工程预测，也可以支持监测系统的数据存储、数据计算和预测，并且支持控制系统的可视化决策。

（2）监测系统

监测系统通常包括数据采集系统、数据传输系统、数据处理系统 3 部分。其中，数据采集系统由传感器和数据采集器两部分组成，传感器是把物理量转化成电信号的装置，主要负责相关数据信息的收集，数据采集器主要负责把传感器采集到的数据进行预处理，并将其传输到远程数据中心。数据传输系统主要是为了提高系统的自动化和信息化，多采用 Zigbee+GPRS 或 CDMA 的传输方式进行无线数据传输，实现现场监测数据高速率、高稳定传输，可自动接入数据处理系统。数据处理系统则是对数据进行整理与分析、数据评估与预警等操作，其中数据分析主要包括人工分析和系统智能分析，其中人工分析包括专家分析、视频分析及预案分析等多种模式，智能分析主要包括后台数据汇总、数据曲线分析、报表分析、图形分析等多种模式。

（3）控制系统

控制系统可实现远程下达指令，在终端设备上进行预警信息推送等。

例如，水泥土搅拌桩数字化施工技术主要由 4 部分核心内容组成，分别为数字模型、监测系统、控制系统和终端系统，其最终目的是通过既定的规律和规范实现自动化操控施工，将施工过程的数据自动记录于模型中，实现模型的数字化，并将收集到的数字模型中的施工数据通过云端数据库存储和算法分析，实现对下一步操控的判定和预测。

► 5.4.1 施工虚拟仿真建造技术

随着工程建设项目结构体系不断向大型化、复杂化发展，追求创新和创意的工程结构体系导致了施工和安装的难度越来越大，增加了施工过程中出现的不确定因素，变更风险和安全隐患随之而增加。在工程施工前对施工全过程进行数字化虚拟仿真，包括结构过程力学仿真、施工工艺模拟、虚拟建造等，可以提前暴露施工过程中可能出现的各种问题，为施工方案的确定和调整提供依据，有利于实现工程建设各方面目标的最优化。

虚拟仿真技术是用虚拟现实和仿真技术在工程施工领域进行工程预演。虚拟仿真技术实现的前提条件是数字化模型的建立。目前在建筑工程中主要依靠 BIM 技术来搭建数字化模型。数字化模型承载了建筑物的功能和构造信息，作为建筑信息的载体，BIM 技术能够支撑建筑全寿命周期各个阶段的数字化应用，实现精细化管理。综合考虑时间、经济、成本、环境等维度属性，关键维度数字模型分析方法可实现施工进度优化、力学分析、场地布局等方面的仿真模拟，从而优化施工工艺、提高施工效率。

建设项目的数字化模型利用 BIM 建模平台，参数化描述方式为特征，包括建筑模型、结构模型、MEP 模型等 3 个核心模型，核心模型是虚拟仿真的基础模型，在项目概念设计、初步设计、技术设计等各阶段逐步完善和迭代结构参数、材料参数、施工工法等信息。在施工前准备阶段，以核心模型为基础，利用虚拟仿真建造技术对施工过程进行模拟，可以进行多方案的碰撞情况、力学状态和经济效益的仿真及比选，主要应用体现在下述几个方面。

1）施工工件动力学分析

施工工件动力学分析包括应力分析和强度分析。即以 BIM 模型为基础，通过网格划分、材料属性、施加荷载等过程进行有限元模拟、应力应变仿真分析。例如，基坑开挖的数字化模拟就是围绕地基和临时支护结构的力学仿真。

2）施工过程结构内力和变形变化过程的跟踪分析

施工过程结构内力和变形受到结构本身、材料性能、外部环境、应力场分布等多种因素影响，为了更好地预测结构变形和变化，虚拟仿真技术得到了广泛应用。例如，混凝土开裂问题涉及多个学科领域，如热力学、断裂力学、化学等，在混凝土虚拟仿真建模中，主要采用计算力学的方法，通过模型分析、材料属性设置和确定水化热计算参数及边界条件等过程来进行不同仿真策略的分析。在基坑工程中的变形问题中，基坑开挖工程的力学分析以稳态分析为主，根据土体所处的应力状态，分为线性弹性分析、非线性弹性分析和弹塑性分析。基坑施工数值模拟全过程包括几何模型建立、物理参数赋值、模型边界设定、工况设定、仿真计算。

3）施工工件碰撞运动仿真

施工工件碰撞运动仿真主要指构件之间的连接与碰撞。利用BIM模型，设计人员可提前预演施工过程，事先避免施工过程中可能出现的构建碰撞和不合理工法。

4）施工场地布置的优化分析

施工中场地布置和临时设施布置经常受工地有限空间的约束，施工前可利用BIM技术可视化地对运输路线、塔吊布置、材料堆放等进行模拟，然后进行多方案的比选和优化。

5）施工机械设备和材料的运动学仿真分析

虚拟仿真技术为施工机械设备的运动学分析提供了新手段和新方法。例如，在混凝土超高泵送问题中，虚拟仿真技术利用计算机对混凝土的压力流动行为进行数字模拟，可预测混凝土在泵送过程中的流场分布特征，分析不同因素对泵送压力损失的影响规律，并有可能对混凝土泵送过程中出现的离析、堵管等现象进行仿真模拟。

► 5.4.2 施工过程的智能监测技术应用

随着物联网、传感网、大数据技术在工程各个阶段的渗透和技术融合，施工阶段关键内容的控制技术也得到了快速发展，极大地提高了工程建设的管控能力。在施工阶段中，需要管控的技术风险点较多，典型的技术控制包括地下水位监测、基坑变形监测、大体积混凝土温度监测、结构变形监测等内容，现有的智能化手段让诸多监测内容变得更加智慧化、可视化、实时化。考虑到施工中过程监控的应用点较多，本节仅列举部分监测应用场景。

1）地下水实时监测智能化系统

地下水实时监测智能化系统是指在数字化管理理念的基础上，利用现阶段信息及物联网技术的发展成果，实现对地下水数据的实时采集，并依托现代通信手段，将监测数据无线传输至数据中心，最终实现地下水监测数据的分类、汇总及分析管理。该系统应具备以下功能：

①自动实现施工降水监测数据的不间断采集、存储、处理、精度评定。

②自动实现施工降水监测数据的实时传递，确保数据可以在第一时间通过网络传送到管理者手中。

③自动生成各类地下水监测报表及相关分析曲线图等监测数据分析报表，通过多种预测分析手段对施工降水风险进行实时预警。

2）基坑及环境变形实时智能化监测系统

基坑及环境变形实时智能化监测系统通过监测传感仪器层实时采集现场施工监测数据，监测数据汇集到现场控制中心层对施工数据进行初步分析，并通过网络传输至远程控制中心层对监测数据进行深度分析，预测施工风险发展趋势并对影响程度进行评估，做到施工安全风险"及早发现、及时评估、即时预警"。同时，借助现场控制中心层和远程控制中心层的数据处理分析功能实现施工监测数据的可视化。

基坑及环境变形实时监测与可视化系统监测必须对基坑施工过程中的基坑本体结构和周围环境影响进行有效监控，明确监测内容，确保基坑工程施工安全可控。基坑施工监测具体监测内容主要包括对支护结构本体（如围护结构水平/垂直变形、围护结构倾斜变形、支撑结构内力、立柱隆沉及坑底土体变形等）、地下水状况、周边土体变形、周边建筑沉降、市政管线及设施、其他应监测的对象。

基坑工程由于其地质条件的不确定性、工程施工条件复杂性等因素，工程建设面临着众多安全风险。为了提升基坑工程施工的安全性，往往在基坑围护结构、水平支撑结构、竖向支撑结构及周边建构筑物附近布设大量的监测传感器（如测斜仪、水位计、分层沉降仪、钢筋轴力计等）进行 24 h 不间断数据测量，这些监测设备的存在不仅可以确保基坑工程施工的安全与高效，同时可以为基坑工程施工建设提供可靠的数据来源。

3）大体积混凝土温度实时监测系统

在大体积混凝土的浇筑过程中，混凝土的养护工作对混凝土内外温度的控制具有重要意义。由于体积大，表面系数比较小，水泥水化热释放比较集中，内部升温比较快。当混凝土内外温差较大时，混凝土易产生温度裂缝，影响结构安全和正常使用。而传统的人工洒水养护方式，在耗费大量劳动力的同时往往达不到理想的养护效果，譬如工人洒水不及时、大面积洒水不均匀、频率不足等都将造成早期混凝土失水开裂，影响混凝土的后期质量。特别是在夜间及炎热天气时，依靠人工很难实现混凝土的持续有效养护。

在大体积混凝土的养护过程中存在着混凝土水化热、混凝土表面与外界的热交换；不同混凝土浇筑体的温度、温度应力及收缩应力也不尽相同；不同养护阶段对混凝土的内外温差也有不同要求。为了做好大体积混凝土浇筑质量控制，特别需要高自动化和智能化的温控系统。目前，已有实践应用实现了智慧温控。其工作原理为利用温度、湿度感应器采集已浇筑大体积混凝土表面、中部及底部温度、环境湿度等信息，经 433M 无线传输的温度传感器数据通过中继器接入现场 PLC 系统，同时将现场数据通过无线传输到云端。管理人员通过系统集成的相关数据和养护周期等信息，结合现场布设的养护水管及 360° 旋转喷头，对混凝土进行全方位、全湿润的持续养护。整个应用主要包括了搭建前置采集系统、养护系统、现场控制系统、物理网云端服务器、远程终端控制等几个部分。

（1）采集系统

混凝土表面及内部温度检测部分，由温度监测探头、HC-TW80 温度采集器、湿度传感器等构成。为防止混凝土水化热及随之引起的体积变形而产生开裂，在大体积混凝土浇筑前，需在其内部铺设冷凝水循环系统，用以降低混凝土内部水化热产生的温度。同时在结构物浇筑时应提前在混凝土内部布设温度监测探头，浇筑后实时监测混凝土内部温度，并与环境信息进行集成分析，确定施工阶段大体积混凝土浇筑体的升温峰值，里表温差及降温速率的控制指标，从而制订相应的温控技术措施。

（2）养护系统

养护系统由水箱、泵、液位监测，喷淋水管、360° 旋转式喷头和冷却管路等组成，PLC 根据水箱上的液位开关来自动控制进水泵的启停，消除水箱供水不足现象。

（3）现场控制系统

现场控制系统由 433 中继器、现场 PLC 控制器（包括数字 I / O、模拟量出入及通信模块），双向无线数据传输装置组成，集成在现场控制箱内。PLC 根据检测的温度及相应的算法实时控制喷淋加压泵、冷却加压泵的启停，执行 PLC 的控制策略。同时将现场数据通过无线传输至云端。

（4）物联网云端服务器

物联网云端服务器实时接收各个工程项目中不同浇筑点的数据（数据可以是同一个项目的不同浇筑点，也可以是位于不同城市的项目）并存储在云端数据库中，相关人员可以通过配备了 IE 浏览器的终端和下层物联网设备进行实时的人机对话和监控、也可以借助智能手机完成上述操作。

（5）远程终端控制

由于数据服务器设置在云端，所有相关操作人员或管理人员借助于智能手机和各种远程终端，可以在任何地方进行控制；也可以通过 Web 界面完成人机对话功能，对养护持续时间和时间间隔进行设置，系统针对设置进行自动循环喷淋养护；也可以对温度、湿度进行设定，若监测到表面湿度、混凝土内外温差不符合要求时，系统自动进行智能养护工作。也可以实时显示现场的喷淋及冷却状态、所有相关控制设备的实时工作状态、各个温度测点的趋势变化图、温度的历史记录及归档，也可以根据需要进行一些质量分析等。

▶ 5.4.3　施工装备和机械设备的智能化安全控制技术应用

施工装备和机械设备的智能化安全控制是指对装备设备进行中的各类参数以及数据展开系统性分析，进行施工装备和机械设备风险评估，经过对装备、设备安全状态的合理判断，分析其自动化的执行效率和工作质量，以对其展开风险评估，及时发现装备和设备中的一些安全隐患，及时制订出优化方案及解决方法，满足装备、设备的实际安全需求。目前，智能化的安全控制技术的应用主要体现在塔式起重机智能化监控、混凝土泵送过程数字化安全控制以及模架施工过程实时智能化安全控制技术。

1）塔式起重机智能化监控

塔式起重机智能化监控系统是指从塔式起重机的选型开始至完全拆除为止的生命周期中，通过信息化手段进行塔式起重机安全备案管理、塔基和附着设计与施工、塔式起重机运行全过程监控记录、塔式起重机安装拆除过程防倾覆控制、群塔防碰撞的一整套由植入式硬件和专业分析管理软件组成的监控系统。

塔式起重机智能化监控系统可将塔式起重机的实际安装地理位置、项目信息、工作状态等相关信息在 GIS 地图上或工地地图上予以显示，并结合高度监测数据给出塔式起重机支撑的高度、塔式起重机顶的高度以及吊臂的实时高度信息等的智能显示；通过网络传输直接获取塔式起重机作业的各种性能参数，如系统集成手机短信报警模块及时告知现场报警信息等均可实时显示塔式起重机运行参数；统计塔式起重机工作时间、工作台班数、塔式起重机上电次数、塔式起重机严重超载次数、猛降猛放次数等，进行数据分析并形成报表，管理者可据此对塔式起重机司机进行评价，结合教育、处罚，大大提高司机的安全意识和操作水平；对安全专项施工方案进行在线备案管理，强化方案设计和按方案施工。同时还可进行各种预警与防护，如当塔机吊装负载超过额定上限，负载力矩超出安全阈值或塔身倾角过大时，系统会触发倾覆声光报警；由风速传感器测量塔机处风速，当风速大于安全作业上限时，在塔机驾驶室及监控中心会进行风速超限声光报警；对塔机吊臂及吊装物运行至靠近楼宇、高压线及人员密集区域等禁行区时，系统可通过驾驶室的黑匣子和地面监测软件进行禁行区域声光报警；在由多个塔机构成的集群中，系统实时跟踪各塔机的吊臂及吊钩位置，当塔机或吊钩位于交叉作业区域且与其他塔机小于安全间距时，能进行群塔碰撞声光报警；如塔机收到报警提示后仍然继续隐患操作，在塔机运行至不可规避距离前，系统可控制动作器在将要发生碰撞的方向进行制动，停止前进。

2）混凝土泵送过程数字化安全控制

混凝土泵送过程包括可泵送性数字化安全监测技术、混凝土输送管堵塞数字化监测与诊断技术等数字化安全控制技术。通过数字化、信息化手段，从混凝土可泵性分析、输送管堵管风险分析等角度，对输送过程中可能出现的堵管爆管风险进行预判，实现混凝土输送过程的安全、高效、精确控制。混凝土泵送过程可泵送性数字化安全监测技术通过实时监测混凝土输送管的变形，结合计算输送管最小形变可视数据与实时形变可视数据比对分析，得到混凝土可泵送性能指数，判断其是否符合预设的可泵送性能标准，实时定量分析混凝土在输送管中的可泵送性能，并对混凝土是否具备继续输送的能力（即泵送持续性）进行预测，该方法可突破传统工作性监测方法的滞后性与局限性，实现对混凝土输送管是否存在堵管、爆管等安全风险的预判评价。

混凝土输送管堵塞数字化监测与诊断技术以信息化、数字化手段为基础，结合无线传输技术，将混凝土输送过程中易发生堵管事故的管段（主要表现为弯管）作为监控对象，通过特征监测指标（主要表现为应力变动率）与安全控制区间带的比对分析，实现混凝土输送管堵管自动预警与定位判断，为施工组织设计的优化调整提供技术指导，保障工程施工的安全顺利进行，特别适用于混凝土超高泵送施工过程安全分析。

3）模架施工过程实时智能化安全控制技术

整体钢平台模架装备作为超高、高耸、高大结构建造的一种新型模架装备，其承载能力更大、施工速度更快、安全性更好、整体性更强、封闭性更完善，成为超高、高大结构建造的主流产品。整体钢平台模架一般由 5 部分组成，包括钢平台系统、脚手架系统、筒架支撑系统、爬升系统和模板系统，这几个系统都有特定的子功能，采用模块化设计，通过特定设计的通用接口在施工现场组装成一个整体，形成一体化模架体系，也可以分模块进行拆除，随时重新变体及拼装。

不同项目应根据结构的轴线尺寸、剪力墙的布置、层高、施工的复杂程度、周围的环境条件和工期要求等选择相应的整体钢平台模架体系。模架装备应用于实际工程时，为保证模架结构在长期工作、多次提升、拆分情况下的可靠性，可建立模架整体的数字化三维模型，采用通用有限元软件针对不同工况进行计算与设计，对各种工况下整体钢平台系统的变形、主要构件的应力比等方面进行分析研究，为系统实际应用的安全合理性提供理论依据，经过反复论证、多次优化确定出合理的结构布置。

5.5 施工工地的智慧化

施工工地的智慧化也可以理解为现在各地所推行的"智慧工地"。它聚焦工程施工现场，紧紧围绕"人、机、料、法、环"等关键要素，综合运用 BIM 技术、物联网、云计算、大数据、移动和智能设备等软硬件信息化技术，与一线生产过程相融合，对施工生产、商务、技术等管理过程加以改造，提高工地现场的生产效率、管理效率和决策能力等，实现工地的数字化、精细化、智慧化管理。

智慧工地的发展经历了"单业务岗位应用的工具软件阶段"到"多业务集成化的管理软件阶段"，再到"聚焦生产一线的多技术集成应用系统阶段"。这几个阶段是随着智能技术的研发和应用不断发展而循序渐进的过程。现今智慧工地主要围绕"人、机、料、法、环"等各生产要素提供实时、全面、智能的监控和管理，具体应用中尤其注重建筑信息模型（BIM）、人工智能、物联网、计算大数据、移动计算和智能设备等软硬件信息技术的集成和应用，并在应用中不断推动施工现场的自动建造、智能化建造以及新型管理模式下的数据互联互通、业务间的智慧协同，实现整个建造方式的彻底转变。未来，智慧工地将借人工智能"类人"思考能力，大部分替代人在建筑生产过程和管理过程中的参与，由一部"建造大脑"来指挥和管理智能机具、设备，完成建筑的整个建造过程，达到真正的智慧建造阶段。利用这一理念，中建八局已搭建"智慧大脑"的工地系统，其中包含8个模块的智慧融合平台，主要应用在项目安全、信息、合同管理、质量、进度、成本控制等方面，比如智慧人脸识别劳务系统、摄像头安全违章抓拍及语音提示系统、塔吊吊钩可视化监控及防碰撞系统、人员场区无线定位及一键呼救系统和 3D 扫描逆向建模比对。

智慧工地的服务内容包括人员管理、进度管理、物料管理、安全巡检、环境监测、基坑监测等核心内容。以广联达为例，搭载的智慧工地的功能及业务构架如图 5.20 所示。

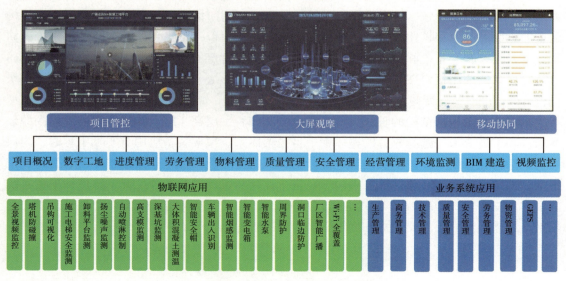

图 5.20　智慧工地的功能及业务架构

▶ 5.5.1　智慧工地的劳务管理

目前，智慧工地中的劳务管理应用，主要基于物联网、大数据等技术，集成了人脸识别、无线通信、设备标识、数据采集、人员活动状态检测等模块，通过网络将数据传输至智慧工地管理平台，具体内容如下所述。

（1）工人基础信息数据采集

工人进场施工前，通过与公安大数据结合，对工人身份进行核实和登记，记录工人所在单位、工种等，防止危险人员、不合规人员注册登记，实现劳务的规范、客观管理（图5.21）。在智慧工地中，每位工人都有一张一卡通和具有自己身份标识的智能安全帽，工人可持一卡通在工地进行餐饮、沐浴、购物、洗衣等消费，办公区、生活区和施工区均设置门禁系统，刷卡出入，既方便快捷，又便于管理。

图 5.21　人员实名制信息采集
（图片来源：广联达）

（2）基于无线的考勤通行

在目前智慧施工工地中，工人出勤采用智能安全帽、工地宝、闸机、芯片考核等方式（图5.22），针对不同的项目人员，应灵活进行现场考勤，满足多种考勤方式的需要。其中智能安全帽中自带芯片，可以实现现场工人人员定位，同时也可通过在普通安全帽中加贴芯片进出闸机的方式实现工人考勤，从而得到准确的考勤数据，并可以作为工资发放的依据。

图 5.22　智慧工地人脸识别通道
（图片来源：广联达）

系统能通过进出场的打卡记录，详细记录工人的进出场时间与工作时长，自动生成工人的考勤记录，并可通过植入芯片查阅工人在工地的历史活动轨迹，避免劳资纠纷争议。

（3）现场用工监督

智慧工地中施工人员信息可实时显示施工现场各工种人数、进出场时间、工人年龄、地域分布、班组出勤等信息，相关人员可通过系统快速掌握施工现场工人相关信息，防范用工风险（图5.23）。工人通过人脸识别技术检测进入施工现场，并将自身信息与施工作业内容进行匹配。智慧工地通过关联BIM技术实现工地位置可视化和智能安全帽中植入的智能芯片，可实时掌握工人所在区域位置与活动轨迹。系统数据实时对接智慧工地管理平台，与工地视频监控系统联动，实时掌握现场的人员分布、工人的工作状态等。

图5.23　智慧工地现场人员定位及工人轨迹分析
（图片来源：广联达）

（4）工人用工评价

智慧工地劳务管理系统中的评价中心支持对工人进行奖励记录、惩罚记录以及加入黑名单等操作，且此黑名单可以共享。在进行人员系统登记时，这个黑名单可以提醒用工单位哪些工人有不良记录，从而可以从源头上防范用工风险。工人用工评价管理的应用真正实现了对施工现场用工的实时掌握。项目通过多工种、多分包、多角度的数据呈现、劳务费偏差管理和过程工资管理等实时数据，可获得第一手资料，给项目管理层结合现场施工情况及时进行劳务调整提供了有力支持。根据考勤记录自动生成工资表，工资记录可直接与银行对接，从而起到实时监督作用。

（5）新一代信息技术下的工人安全教育

在智慧施工项目为工人提供的可视化安全培训、VR安全体验及安全教育中，体验者在VR安全体验馆内佩戴VR眼镜后，整个工地就逼真地展示在眼前，工地的硬件设施触手可及；体验者也可以直接体验高空坠落、灭火器演示等项目，身临其境地体验能够增强工人对安全事故的感性认识，从而在日常作业过程中自觉提升安全防范意识。对于政府要求的人员安全教育，可以在工人体验上述项目后自动形成相应的安全教育记录，且这些记录会放进工人档案，即使工人从这个项目到下一个项目，参加过的教育记录也能在线观看，如图5.24所示。

图 5.24　智慧工地 VR 安全教育
（图片来源：陕西建工集团）

▶ 5.5.2　智慧工地的物料管理

一般来说，工程物料管理系统需与视频监控系统集成，并在互联网技术、物联网技术、云计算技术、大数据技术的支撑下，实施对物料的全面动态管控，实现物资进出场全方位精益管理。运用 BIM 技术，自动生成物料需求清单，建立采购计划；运用物联网技术，通过地磅等周边硬件智能监控作弊行为，自动采集精准数据；运用数据集成和云计算技术，及时掌握一手数据，有效积累、保值、增值物料数据资产；运用移动互联技术，随时随地掌控现场、识别风险，零距离集约管控、可视化决策。

1）物料采购管控

将工程物料管理系统与 BIM 平台联动，进一步将 BIM 平台中的模型导入工程物料管理系统，系统识别模型后快速生成准确的物料需求量清单，克服了人工统计方式存在的速度慢、数据准确性低等问题。相关工作人员可以依据物料需求量清单拟订物料采购计划，并依据计划在平台上完成线上下单，进一步在平台上实时了解物料的物流状态。且系统能自动统计收发情况，支持实际采购、实际到货、实际发料分析，确保资金计划、资源供给、工期节点即时更新，避免采购计划不及时，确保物料采购过程的精细化管理。此外，智慧工地物料管理可利用供货商供货数据，基于大数据技术多维分析供货偏差，检查各厂家供货信誉，识别优质和劣质供货商，保证所采购物料的质量。

2）物料验收管控

在物料验收环节，智慧工地既可以结合地磅、红外对射、视频监控、车牌自动识别、扫描枪对账、排除无效单据、智能监控作弊行为等功能模块，大幅度提高称重物料的过磅效率，并将原始单据、质量证明等关键材料拍照留证；也可以利用移动 App 实施对非称重物料的收料，例如实施对非称重物料的采购、调入、直入直出等。工地系统能对存在供货负差的情况进行自动报警，项目部可以以最快的速度响应，避免供货负偏差带来的损失。对供应商供货偏差情况的对比分析可为其他项目供应商选择提供依据。物料验收系统可以让所有材料进出场均有迹可查，进出场材料均可追溯。对材料种类复杂、使用量大的公建项目，详细的材料进场计划结合物料验收系统的综合使用可使现场材料进场及使用实现精细化管理，避免材料过度剩余造成浪费或材料进场不足影响进度。

物料进场及智能过磅如图 5.25 所示。

图 5.25　物料进场及智能过磅
（图片来源：江苏南通三建集团）

3）物料现场管控

物料进场后，传统方式是人力手工清点，费时费力，还容易出错。现在，通过人工智能技术，直接用手机拍照就能快速得出钢筋数量，目前这项技术还在不断通过图片学习快速进步，准确率已达到 99% 以上，远高于人的识别率。

将视频监控与工程物料管理系统联动，进而实施监控物料的存放情况。具体来说，应根据施工现场平面图存储物料，在物料存放区布设电子标识牌，并依据存取情况及时更新电子标识牌。同时，应基于平台反馈的物质存取数据将物料的数量以及成本进行统计核算。此外，当现场实施抽检或突发异常情况时，应使用实时监控系统，查看监控录像，进而实施对物料的全面现场管控。

▶ 5.5.3　智慧工地的设备监测

1）机械设备维护保养及检查

智慧工地可以将工地机械设备的品种、数量、型号、维护保养情况、运转情况、管理及操作人员信息一一统计并记录在案，并将上述信息实时汇总至线上管理系统，确保机械设备信息管理的及时性和准确性。在物联网技术的支撑下，利用摄像头和各类传感器收集现场机械设备的数据，并进一步利用微电子技术、高精度定位等技术以及无线通信技术将现场机械设备数据更新至智慧工地管理平台，机械设备操作人员及安全员通过平台即可了解机械设备的实时工作信息以及运转情况，实现对机械设备的全过程跟踪，对发生故障的机械设备进行及时维修保养。

2）塔式起重机管理

智慧工地能通过在塔吊植入的人脸识别模块来有效验证操作人员，从而避免闲杂人等操作塔吊；通过在塔吊上布设的感应器及时将起重量、起重力矩、起升高度、回转角度、幅度、风速、倍率等关键信息予以收集，便于操作人员把握塔吊运转状况；在塔吊小车安装高清球机摄像头，并能根据吊钩的位置自动调整摄像头的倍率，保障驾驶员可以清晰地看到吊钩吊载运行的情况。当感应器识别到塔吊吊装重量超标或者风速过大时，会及时发出警报便于操控人员采取应急措施。对于群塔作业的情况，通过在塔吊吊钩部位布设高清摄像头，确保操作人员了解吊运范围，避免相邻塔吊大臂发生碰撞。

群塔防碰撞及塔机监测如图 5.26 所示。

图 5.26　群塔防碰撞及塔机监测
（图片来源：广联达）

3）施工电梯管理

智慧工地能通过在施工电梯植入的人脸识别模块来有效验证操作人员，避免闲杂人等操作施工电梯；通过在施工电梯内设置的高清显示屏，方便操作人员及时了解施工电梯的运转情况，并实时监控施工电梯的楼层、速度、重量等参数；通过在施工电梯内植入的警报器能对操作人员的违规操作发出警报并及时制止，确保施工电梯的安全使用。2018 年 5 月，广西建工集团在建工城 7 号地项目的每个人货电梯均安装了人货电梯人脸识别系统。电梯操作人员需要在系统中提前录入信息，通过指纹打卡或人脸识别认证后，才能启动施工电梯，解决了非专业人士操作工程机械的问题，杜绝了升降机坠落事故的发生。

此外，通过在施工电梯内设置的高清显示屏，操作人员可及时了解施工电梯运转情况，并实时监控施工电梯的楼层、速度、重量等参数；通过在施工电梯内植入的警报器，可实现对操作人员的违规操作及时制止并发出警报。

施工电梯监控系统如图 5.27 所示。

图 5.27　施工电梯监控系统
（图片来源：广联达）

► 5.5.4　智慧工地的进度管理

　　传统的进度管理技术大概经历了甘特图、网络计划技术、关键链法 3 个阶段。随着建筑业发展的速度加快，建设项目规模不断扩大，传统的项目进度管理技术已无法满足现代建筑行业的需求，智慧工地可通过融合多种新兴信息技术研究项目进度优化问题，使项目进度控制更加合理。

　　BIM 技术已被广泛应用于工程项目施工过程中，BIM 技术可以提供施工模拟、碰撞检查、信息管理等技术支持，不仅可以加强进度控制，还能节约工期，降低施工成本。利用 BIM 软件将模型与各级进度计划相关联，进行精细化的进度模拟，能够清晰地展示工程进展情况、工序间的逻辑关系以及工序的限制条件，根据实际已完成工作和计划完成工作分别生成进度曲线，当实际曲线与计划曲线出现较大偏差时可及时找出偏差原因，并进行偏差分析和进度调整，实现进度的动态化管理，提高了进度控制的水平及效率，满足了日益复杂的建筑需求。

　　在拱北隧道建设过程中，中交第二公路勘察设计研究院主要承担 BIM 技术在隧道与轨道交通工程设计中的应用，在总体进度控制框架下，由施工单位在征求各单位的意见后，编制总体进度计划；然后利用 Autodesk Navisworks 软件强大的数据整合功能，将总体进度计划与 BIM 施工模型各构件相互关联，采用软件二次开发方式，实现拱北隧道施工进度管理系统。该系统整合工程项目各单位计划进度信息，在施工过程中重点监控进度执行情况，协助总体单位完成进度的动态控制，当系统采集的进度执行情况与计划情况不一致时，系统会主动提示并持续跟踪和反馈；4D 施工模拟更是以可视化的方式，向众多参与方，集成展示整个项目的总体进度情况，严格控制了工期。

　　2018 年，中国一冶集团交通工程公司，在青山滨江商务区项目地下室 12 万 m^2 的混凝土结构施工中，项目进度管控主要依靠 BIM 5D 技术。工程工期紧，多线并行施工，需要精准把控人员、材料、机械的投入。应用 BIM 5D 进行进度管理，主要侧重于两个方面：一方面，通过广联达 BIM 5D 的应用，完成项目进度计划的模拟和资源曲线的查看，直观清晰，方便相关人员进行项目进度计划的优化和资源调配的优化。另一方面是将日常的施工任务与进度模型挂接，建立基于流水段的现场任务精细管理。通过后台配置，推送任务至施工人员的移动端进行任务分派。与此同时，工作的完成情况也将通过移动端反馈至后台，建立实际进度报告。

图 5.28 所示为基于 BIM 的进度管理流程图。

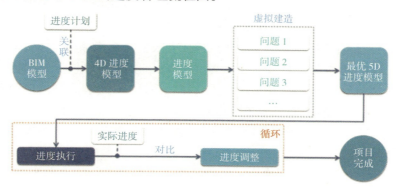

图 5.28　基于 BIM 的进度管理流程图
（图片来源：中国一冶集团交通工程公司）

同样，山东华滨建工有限公司的明佳花园项目工期紧，各工序穿插施工，过程中人员、机械、材料到底投入多少，需要非常准确的分析来进行管控，因此该项目进度管控也主要依靠于 BIM 5D 技术。

除 BIM 技术外，无人机航拍无线巡航也是智慧工地进度管控的重要方式，无人机航拍无线巡航通过"上帝视角"对现场施工进展及项目实施情况进行全方位监测（图 5.29）。由于无人机小型轻便，可以从空中巡视施工盲区、死角等人力不及之处，直观反映施工动态。无人机可从不同高度、不同角度对现场进行航拍，把视频和图像资料实时回传给操作人员。通过无人机采集传输回来的实时影像资料，项目管理人员可以全面掌握工程施工进度进展情况及项目施工实施情况，及时对现场异常状况及时进行纠偏和指正，达到实时监控的效果。

陕西建工集团工程三部的浙江山水六旗国际度假区项目的施工现场场地范围大，需要及时把控总进度。因此该项目使用无人机每周进行航拍，让管理人员能最快地掌握形象进度；同时将拍摄的形象进度照片及时上传至 BIM 5D 手机端分享给各项目部。

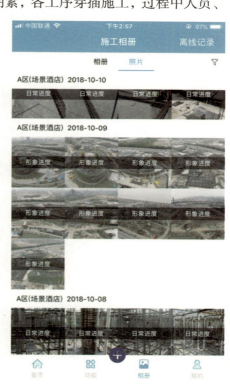

图 5.29　无人机航拍形象进度图
（图片来源：陕西建工集团）

► 5.5.5 智慧工地的安全监测

（1）智慧工地中的安全培训教育

在安全教育方面，Behzadan 和 Kamat 采用远程录像、增强现实和超宽带（UWB）技术开发了一款可以实时重现施工现场的教学软件，向学生提供可视化位置感知，实现在真实环境和虚拟物体的实时交互。目前，随着虚拟现实技术的发展与应用，越来越多的建筑公司都引入了 VR 智能安全培训系统，其基于 C / S 架构建立体验平台，利用 VR 头盔、行走动态体验平台、蛋椅等硬件，配合 HTC VIVE、大屏显示器等多种 VR 智能设备、传感设备，打造全交互式三维实训仿真场景。合肥耀安科技有限公司在传统安全体验馆的基础上，创新性地开发了"VR+互联网"的安全体验馆，将 VR、AR、互联网、二维码等技术进行融合，集成 VR 安全体验系统、3D 模拟消防灭火体验系统、隐患排查游戏体验系统、安全标志识别系统等。目前，该体验馆已服务于众多建筑施工企业，如安徽建工集团、中铁四局、合肥建工集团等单位对高处坠落、机械伤害、坍塌事故、触电伤害、物体打击等情景都进行了安全 VR 体验培训。

2019 年，耀安科技有限公司提出了"物联网 + 安全培训"的基于 SaaS 模式（Software as a Service，软件即服务）的"安培在线"远程安全教育平台（图 5.30）。该平台涵盖在线学习、在线练习与考试、App 收集移动学习、云课程中心、安全知识管理、安全培训管理六大核心功能。利用这一平台，中能建安徽电建一公司、中国化学第三工程公司、淮北矿业集团等单位实现了三级安全教育，全面提升了员工的安全素质，取得良好的社会效益。

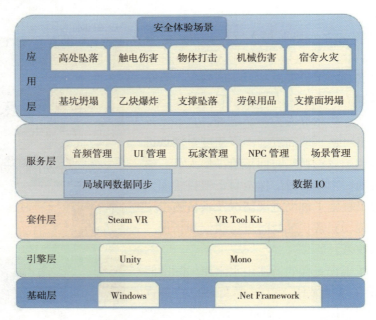

图 5.30 基于 VR 技术的安全培训体系架构
（图片来源：王攀（2019）. 基于 VR 技术的安全培训体验系统）

（2）智慧工地中的安全检查

在综合安全排查方面，借助 BIM 的可视化特点，从项目整体角度出发综合考虑项目安全，通过虚拟施工和碰撞检测，能大幅降低安全事故发生的概率和造成的损失。广联达科技股份有限公司发布的基于 BIM 5D 的项目协同管理平台，实现了在 BIM 模型中更直观地查看安全问题、安全风险，通过闭环管理流程对各责任方的安全管理行为进行有效监管，当遇到未及时处理的情况，平台会自动报警，便于管理人员对安全问题作出监督和决策，如图 5.31 所示。

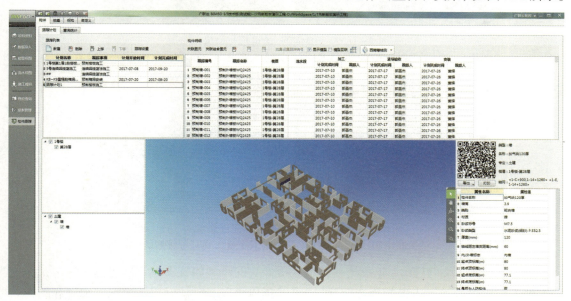

图 5.31　BIM 5D 对施工安全实时监控
（图片来源：广联达 BIM 5D 产品）

而在虚拟施工和碰撞检测上，BIM 技术的使用补齐了传统安全管理中存在的诸多问题：如交流方式限于口头和文字、管理局限于现场巡查、记录和反馈缺少直观的沟通和渠道等。在位于厦门市海沧内湖东北侧，海沧大道西侧的东南航运中心项目中，操作人员借助 BIM 技术的三维可视化、仿真模拟、信息集成等功能，实现了建筑工程的安全生产（图 5.32）。该项目利用 BIM 三维可视化特点，结合 VR 技术，进行 3D 施工安全防护模拟巡查和论证，寻求可视化交底的新型方式；充分利用 BIM 的仿真模拟技术，协调各阶段施工总平面和空间冲突，优化施工机械部署方案，完善施工设备安全体系，实现安全生产；该项目发挥了 BIM 模型信息集成的优势，创建了人机协作的高效计量与加工环境，形成了创新、研发的安全文明管理体制（图 5.33）。

在工地消防安全排查方面，深圳一得科技有限公司在与石家庄桥西区联合启动的"智慧烟感"工程中，率先将 NB-IoT 技术应用于城区火情警报，为石家庄提供 24 h 火情自动应援施救。2018 年，江苏伽玛科技有限公司发布第四代基于 NB-IoT、LoRaWAN 等新技术的战马智能消防系统，在悦达西郊庄园等住宅已广泛使用。目前，作为市场上生产智能烟感设备的代表企业有浙江大华技术股份有限公司和中消云科技股份有限公司，随着 5G 时代的到来，这些企业纷纷计划构建 5G+ 智慧消防的系统，实现防消结合、远程灭火。

图 5.32　BIM+VR 的可视化交底

（图片来源：邓孝璐（2018）.《BIM 技术在施工安全文明管理领域的应用探索》）

图 5.33　基于 BIM 的施工场地布置

（图片来源：邓孝璐（2018）.《BIM 技术在施工安全文明管理领域的应用探索》）

此外，Irizarry 等于 2012 年推出一种搭载摄像头的小型四旋翼飞行器（图 5.34），为安全管理人员提供与施工工人的语音交互平台，并提供可以实时访问工地情况的视频和图像，以实现工地安全检查。借助这一技术，陕建四建集团对施工现场进行了不定期的无人机航拍安全检查，排查安全无死角，同时帮助现场平面规划布置，大大提高了项目安全管理水平。

图 5.34　无人机巡查陕建四建集团双创基地棚户区改造项目施工现场

（图片来源：何旭（2020）. 陕建四建集团：无人机＋安全文明施工）

随着存储空间和数据传输价格的降低，视频移动巡检成为可能。点贸科技自主研发的视屏移动巡检平台能够通过定位和实时视频传输，实现危大工程中，相关旁站人员能够按要求现场履职，对于复杂项目，还可以实现专家远程研判。针对隐蔽工程验收，不仅能要求负责人现场履职，还能自动形成视频记录，按照工程日期、项目名称、部位等进行命名和存储，方便检索，也为后续的可能存在的争议提供可靠的依据。并且该移动巡检平台附加 AI 技术，还能辅助现场从多角度识别安全隐患，例如人员安全防护措施的佩戴，区域入侵预警等，随着 AI 技术的完善，应用面也会越来越广。

（3）智慧工地中的安防监控

智慧工地项目在整个施工现场、围场、生活区、物料堆放区、施工设备等重点区域安装摄像机和视频服务器，做到视频监控全方位覆盖，实现对施工现场及办公区、工人生活区动态实时了解。借助 5G / Wi-Fi 等无线网络传输，把作业场景传送到智慧工地 Web 界面或移动终端 App 的监控管理平台，可实现对 24 h 内监测到的数据进行统一的调取、录像、存储和用户管理等功能。同时，政府监管部门和建筑企业等授权人员可借助互联网，在计算机、手机上进行随时随地的远程监控，有效遏制了工地违规作业现象，便于及时发现问题和排除安全隐患。

2018 年 5 月，广西建工集团在建工城 7 号地项目中运用了广联达梦龙的海康威视 iVMS-8700 安防综合管理平台，实现项目视频监控管理（图 5.35）。在平台上建立需要搭设的项目，录入项目信息、分配项目设备地址。在将视频监控系统联网之后，输入已分配的项目设备地址，即可实现项目远程视频监控管理。

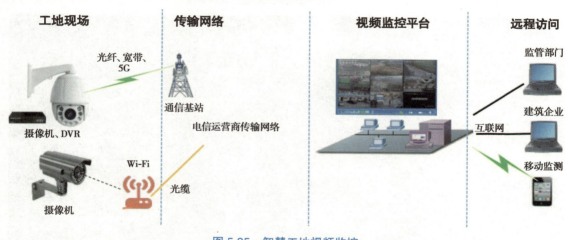

图 5.35　智慧工地视频监控
（图片来源：广联达《数字施工　建筑未来》）

佛山市掌控易智能科技有限公司已为 1 000 余个建筑工地的安全保护驾航，在佛山五区、江门、茂名、湛江、清远等地利用远程视频监控系统帮助监管部门和建设单位、施工单位，对施工现场的安全生产进行动态实时监控，并利用大数据、互联网的先进技术，实现施工现场重大危险源 24 h 全程监控和记录。

▶ 5.5.6 智慧工地的质量监测

（1）质量巡检系统

传统施工项目中质检员在现场的巡检都是手工完成，记录、拍照，回到办公室做成表单再交给整改队伍，流程烦琐，效率低。而智慧工地实现了数据化的质量管理，极大提升了巡检效率。目前，中建八局正通过"大数据"与"云平台"建立建设信息化检查系统，实现质量管理的全覆盖及全过程掌控。中建八局的信息化检查系统，要求项目经理及相关质量负责人在每周例行的质量检查中，将利用移动终端拍摄的现场照片和相关数据按时上传到"云平台"。中建八局机关工作人员通过后台能及时了解所有项目的进展状况，监督项目经理及相关质量负责人的工作情况。该信息化检查系统主要包括了如钢筋制作等隐蔽工程、混凝土质量检查等质量管理的重点系统模块，并且与监理公司、业主以及政府部门的质量管理系统建立数据相互采集的接口，通过协同工作推进工程质量管理水平的进一步提升。

2017年，中国建筑一局有限公司在山东省肿瘤防治研究院放射肿瘤学科医疗及科研基地建设项目中使用了质量管理模块，极大地提升了现场质量管理效率及效果（图5.36）。该模块可通过手机端实现现场质量巡检工作在线完成检查、整改与复查的闭环管理，同时数据可以自动同步至智慧管理平台进行综合分析，推进未整改问题、待整改外部检查的整改进程。质量管理模块图纸可随时更新，现场管理人员随时随地可查看最新图纸，解决了医院项目变更众多，图纸版本多，易搞错搞混造成返工的问题。

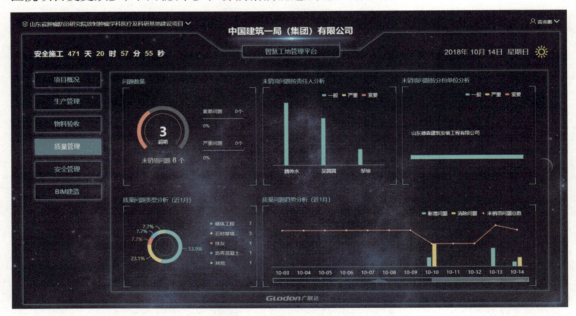

图 5.36 智慧工地质量管理模块
（图片来源：中国建筑一局（集团）有限公司）

山东华滨建工有限公司在明佳花园项目智慧工地应用了质量巡检系统。该项目的质量巡检采用"云+手机移动端"的模式，使用移动技术、云平台技术，将质量检查标准精准推送到相关工作人员所持的移动端，也可以反向接收信息，由工作人员将现场质量问题实时拍照并同步上传到平台系统中。系统在后台将收集到的质量问题汇总并进行统计分析，在系统的看板中可以快速查看质量问题。此外，系统会对项目质量问题数据的趋势和指标进行分析，为项目领导决策提供数据依据。

（2）建筑质量检测

除了基于大数据技术的质量巡检系统，智慧工地还运用无人机的 3D 和图像特征提取技术，代替检测工程师进行建筑质量检测。新加坡一公司使用了配备 360° 全景摄像头为基础的全面扫描系统、自动检测隧道不良情况并记录位置的软件的无人机对新加坡海底隧道进行了质量检测，检测内容包括隧道裂缝以及渗漏水情况。John Murphy 公司使用了大疆无人机检查美国迈阿密市中心的一栋 58 层公寓楼的幕墙玻璃质量，该无人机可以清楚地捕捉渗漏、透水等问题，在大楼未完工前即可开始检查楼内的钢结构铺设情况，在施工过程中可以提前发现安全隐患，在竣工验收阶段可以检查像天桥这样显著突出于主楼外墙的结构质量。

（3）质量溯源平台

工程建设的质量问题溯源一直是工程质量管理的难点和重点。随着新一代信息技术的发展，基于区块链技术构建的工程质量溯源系统实现了对工程质量的关键点进行多维度的信息采集。

2020 年 1 月 9 日，深圳宝安区推出了国内首个混凝土质量区块链平台。这是国内首个针对建设工程混凝土溯源开发的区块链平台，迈出了区块链技术对混凝土全生命周期信息化监管的第一步。区块链平台在混凝土溯源和建设工程质量监管方面将发挥重要作用。搅拌站、工地上链之后，传统手工时代的建设工程管理流程可以进一步优化，如混凝土配送过程中将用微信扫码或人脸识别取代手工签收，从而大幅提升效率。同时，作为住建领域首个由政府部门主导的联盟区块链项目，该平台可有效发挥政府监管行业的职能作用与市场自律相结合的制度优势，不仅可以从根本上解决混凝土交易信息可篡改、质量信息难溯源的问题，而且突破性地联动建材工业、搅拌站、工地等建筑产业要素，将建筑行业的全产业链条纳入建设主管部门监管范围，极大地提升了建筑行业的监管水平。

▶ 5.5.7　智慧工地的环境监测

基于物联网、大数据、云计算等技术，不少建设项目已经开始借助智慧系统进行施工现场的环境管理，通过利用智能硬件设备实时自动采集项目的数据，通过无线网络将数据传输至服务器，在软件平台上进行数据分析，并将结果传输给管理人员。最后，项目管理人员对施工技术和各项数据进行有效管理，实现信息化、智能化的施工环境管理。

在扬尘监测方面，目前的智慧施工主要通过专门的智能传感设备对现场扬尘进行实时感知，可实现全天候 24 h 无人值守的自动化监测 $PM_{2.5}$、PM_{10}、温度、湿度、风速、风向等指标。工地现场还可安装智慧喷淋系统，例如在某区域扬尘超过警戒高度后，报警提示，并自动启动喷淋系统，同时记录下喷水量，形成扬尘控制记录表，喷淋的水又通过下水管道进入沉淀池循环使用（图 5.37）。

图 5.37 地面喷淋及雾炮喷淋设备
（图片来源：广联达）

山东华滨建工有限公司在某住宅项目建立了 TSP 环境监控系统，该项目在南北区各安装了 5 台环境监控设备，可与现场喷淋降尘系统互联，当扬尘超标时，会自动进行降尘作业。同时与智慧工地平台进行对接，将数据传递到平台处，在项目看板显示关键数据，以便对管理人员进行实时监控。

噪声监测方面，在施工现场布置噪声监测监控点，采用噪声智能传感设备，可实现全天候无人值守的自动化监测，节省了监管人力。通过现场 LED 屏，可以更加直观地显示噪声数据的监测情况，为项目管理人员、政府监管部门掌握数据变化情况提供多种渠道。基于数据分析技术，按年度、月度、天统计各噪声监测点的噪声值，并对每日的噪声值形成折线图，同时对月噪声情况进行分析，通过饼状图的形式进行数据展示，建设方可依据结果进行噪声控制。

利用温度传感器及红外仪还能对施工现场的温湿度进行有效的监测和控制。在上海万科地产档案室智慧管理项目中，档案室中储存着大量的公司档案和客户档案，对环境温湿度要求较高。在此项目中，中易云物联网科技有限公司通过部署温湿度采集仪和红外控制器，实现对档案室内温湿度的实时采集和对空调设备的自动控制，管理人员可以随时随地通过手机或计算机登录平台，全天候、全天时监控档案室环境和空调、除湿器的状态，保证各类档案文件具备最佳的储存环境。

在能耗监测方面，矗木科技有限公司基所开发的设备能耗管理系统，可查询并分析各个设备的时 / 日 / 月 / 年能耗值，也可以查询并分析各个单晶硅炉之间时 / 日 / 月 / 年的能耗差异（图 5.38）。以此来优化生产工艺，改良生产设备易耗品。物联网传感器可以帮助管理人员确定何时需要进行维护，以优化性能并避免故障，保证大型设备得到良好维护并以最高效率运行。

施工现场临水临电的情况，该智慧系统可通过数据采集器，对施工区、生活区、办公区装置的智能水电表进行采集及分析，利用实时在线监测系统对建筑施工全过程用电量、用水量进行实时监控；当发生漏水漏电情况及异常数据时，该系统具备报警、切断保护、远程控制开关等防止意外发生的功能（图 5.39）。实时显示办公区、生活区、施工区、某大型设备在某段时间内的用水用电量的折线图，显示某区域、某设备在某时段内，每个月的用水用电目标值与实际值的对比柱状图，显示项目总的用水用电的目标产值与实际累值柱状对比图；通过数据对比，可自动计算出节省的水电费，同时可下载各个区域的用水用电统计表。

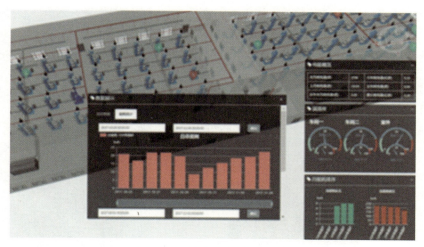

图 5.38　设备能耗管理系统
（图片来源：广联达）

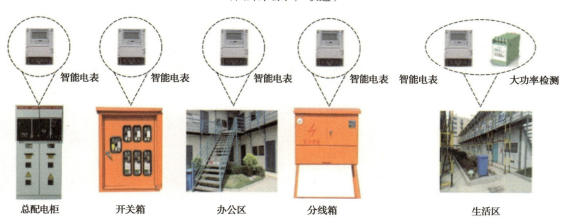

图 5.39　工地临电监测设备
（图片来源：广联达）

　　此外，随着新一代信息技术的发展，各智慧工地现场正陆续建立包括噪声、扬尘、温湿度等在内的综合环境监控系统。2017 年 11 月，广西建工集团在建工城 7 号地项目的环境监测管理系统应用正式上线，在项目大门入口处设立工地环境检测机，可以对工地的 $PM_{2.5}$ 值、PM_{10} 值、噪声值、温度、湿度、气压、风力大小等指数进行实时监测。根据显示的数据信息进行分析对比，实现环境有效监测，维护设备的正常运转。2018 年，陕西建工第九建设集团在神木市第一高级中学工程施工现场建立环境监控系统（图 5.40），施工现场东南西北方共设置 4 处环境监控设备，24 h 全天候实时在线监测，对风向、温度、风速、湿度、噪声、$PM_{2.5}$、PM_{10}、天气等指数进行监控，设定报警值，超限后及时报警，与炮雾机、沿路喷淋、塔吊喷淋装置实现联动,该系统已达到自动控制扬尘治理的目的。2019年,河北建设集团在北京新机场南航基地国内货运站工程的环境监测方面,除采集施工现场噪声、扬尘、温湿度、污水排放等数据外,还进行了雨水回收利用,最大限度地节约了水资源。

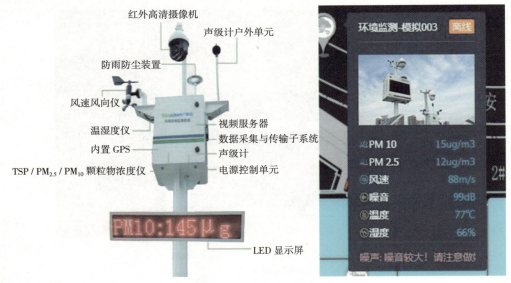

图 5.40 智慧工地环境监测设备
(图片来源:广联达)

思考题

1.智慧施工的技术时代经历了哪些变迁?

2.请列举您了解的智能化施工装备。

3.施工技术的智慧化包括几个核心部分?

4.智慧工地包括哪些内容?

5.智慧施工实现的核心技术框架是什么?

6.设想一下未来工地的场景。未来工地需要哪些技术进行支撑?

第**6**章

智慧运维

6.1　概述

运维管理（Facility Management，FM）也称为设施管理，传统的运维管理通常理解为物业管理。运维管理是对各种基础设施和建筑在运营和维护阶段的管理。运维阶段属于建筑全寿命周期中时间最长的阶段，其边界小到一个空间、一栋建筑，大到社区，乃至整个城市，覆盖了设施、空间、能源、环境、安全、应急等方面的运营、维护和管理。所谓"智慧运维"，是利用新一代信息技术对传统运维管理过程中的相关活动进行升级，实现基础设施和建筑的数据可感知、可分析、自优化、自管理、自控制的过程。

智慧运维

传统运维管理可以分为设施维护管理、空间运维管理、能源资源管理、安防和应急管理等几个方面。在传统的建筑运维管理中，由于运维阶段的周期长，涉及的设施设备较多，需要管理的内容非常繁杂、数据量大，依赖手工记录、纸质化的管理，俨然有不及时、不便捷、不能查询的困扰，更难谈及对数据的优化和数据价值的挖掘。运维管理发展到今天，也是因数字化和信息化的技术不断升级和迭代，慢慢从人工管理和人工巡检，过渡到了当前的数字化和信息化管理平台阶段。在数字化思维驱动下，运营阶段的数据和信息被结构化，能够更畅通地在各个平台上进行传递，并可记录、可跟踪、可监测，构建出了运维管理的数据基础。而迈向自动化、智慧化运维阶段，核心是对运维数据的挖掘、优化和自动控制，实现数据标准化、规模化、算法化的管理，完全达到自适应性及自我运维的状态，并通过数据驱动和快速反馈的机制，达到精准化管理，大大提高运营维护效率。

本章将介绍传统运维向智慧运维方法的过渡，就建筑运维阶段的设施维护、空间管理、能源和环境、安防和应急管理的智慧化应用进行介绍，同时也会在本章提及部分城市尺度基础设施的智慧运维的相关实践应用。

6.2 智慧运维的内容

▶ 6.2.1 运维管理的内容

智慧设施管理

建筑领域的运维管理的内容可以划分为设施维护管理，空间管理，能源管理，安防、消防和应急管理等几个方面。

1）设施维护管理

设施维护管理也常被理解为"资产设施管理"。其范畴包括道路、桥梁、水利工程、能源系统等城市基础设施；城市公共服务设施、工业设施、商业设施、住宅等建筑物，以及服务于基础设施和建筑物运行所需的配套设施和设备，如电力、照明、空调、电梯、安保等设施。设施维护管理是维护和改善基础设施、建筑物及其配套设施设备日常运行需求，包括了维护、测试、巡检、维修和升级等工作，以确保设施安全有效地运行，最大限度地延长设施的使用寿命并降低故障风险。

设施维护管理的服务内容包括物理设施维护和物业服务两部分，物理设施维护工作主要是建筑装修维护和更新、电梯维护、电气设备维护、防火系统维护、给水排水系统维护、管道维护、空调系统维护；物业服务主要是卫生维护、安保工作、污染防治、后勤服务、废物处理等。

2）空间管理

空间是建筑的基本单元，承载着各个设施系统，为人们提供生活、工作所需的使用功能。空间管理的要素包括了空间位置、空间大小、空间条件、利用率、功能属性等内容。通过空间使用情况和用户需求的分析，对空间配置、空间使用成本和收益进行合理规划，提高空间利用效率。

3）能源管理

能源管理是对基础设施、建筑物及其配套设施设备日常的用能情况进行监控和优化。通过系统化控制建筑能耗及用能模式的策略，在满足建筑物舒适度和功能等方面的条件下使能耗及其费用最小化。建筑能源管理可以从单个建筑延伸到面向城市的综合建筑能源管理。

4）安防、消防和应急管理

安防、消防和应急管理，是以维护公共安全为目的，为应对危害人民生命财产安全的各类突发事件而开展的管理工作。一般会有相应的技术防范系统，包括险情探测、报警和应急处理等。安防系统包括门禁系统、火灾报警系统、煤气泄漏报警系统、紧急求助系统、闭路电视监控系统、周边防跃报警系统、对讲防盗门系统等。消防设施一般分为公共消防设施和建筑消防设施。公共消防设施是指为保障公民人身财产、公共财产安全所需的消防站、消防通信指挥中心和消防供水、消防通道、消防通信设施及消防装备；建筑消防设施是指建（构）筑物内设置的火灾自动报警系统、自动喷水灭火系统、消火栓系统等用于防范和扑救建（构）筑物火灾的设施设备的总称。应急管理是指在各种灾难和危机事件发生或即将发生之时，为保护人民群众的生命、财产安全和生态环境安全而采取的有组织的行为。

▶　6.2.2　运维管理的形式变迁

　　传统运维管理方式在面对复杂交错的管理对象时，通常存在时间跨度大、周期长等问题，导致管理效率低下，需要管理系统在技术工具的支持下，打通宏观和微观等多层次的管理需求。同时，传统运维通常采用"发现问题—反映问题—作出决策"的单线程工作模式，过度依赖于运维人员，包括保安、保洁、维修人员等多个岗位工人。在管理时效不断缩短、管理规模急剧扩张的当下为进度安排与问题决策带来了沉重的负担，工作效率难以满足服务对象的需求，阻碍了运维业务高效快速地发展与扩张。

　　传统运维管理与现代生活需求的不匹配推动了运维管理行业的智慧化革命，通过大数据、人工智能等新一代信息技术，解决了以往工作模式单一、工作效率低下、依赖个人决策等问题。经过数十年的发展，运维管理经历了从流程化、线上化、数字化向自动化、智慧化的转型进程。

　　1）流程化

　　流程化阶段的运维管理相较于初期而言，在工作模式上有巨大突破，开始将工作流程步骤化、系统化。运维管理人员按照既定的工作体系完成范围内的任务，通过统一的资源调配平台集成各方成果，最终实现运营维护的功能。此阶段对公认的个人能力依赖较大，难以实现标准化、规模化、精细化管理。

　　2）线上化

　　线上化阶段的运维管理在流程化阶段的基础上，将部分线下作业转移到线上，初步将网络手段运用到生产效率的提高中，实现无纸化办公，并减少劳动力的投入。但工作模式和运作流程仍然沿用流程化阶段的框架，仅实现了操作上的便捷，并未有实质性改进。

　　3）数字化

　　数字化阶段是采用数字化技术，结合运维管理系统、地理信息系统、激光扫描技术、物联网技术等来对运维阶段的设施设备、空间进行数字化的管理。

　　4）自动化

　　自动化阶段的运维管理能够通过软件平台自动输出部分分析结果，可以批量进行重复性工作，实现操作的自动化。在管理流程上加入自动化模块，系统能对应调整人力部署情况，从而整体提高运维管理的规模效益及运转效率。

　　5）智慧化

　　智慧化阶段的运维管理包括运用物联网、人工智能、大数据等信息技术，引入数据分析、数据算法包的思维模式，将通用的信息化手段与行业特征相结合，针对传统运维管理问题提出相匹配的智慧化解决手段。同时通过信息流将不同职能部门联系起来，强调共同协作，管理工具的智慧化反向推动了管理模式的智慧化变革。

　　从传统依赖人工的运维管理到现阶段通过信息技术等智慧化解决方案实现的运维管理，无论是在管理体系还是管理工具上，都已经从根本上进行了革新。其中主要体现在下述几个方面。

①通过机器人与传感器替代部分人工劳动力，实现数据的自动采集。

②基于海量运营数据挖掘潜在问题与规律，预判并解决现实存在问题。

③对建筑设备与资源以及管理流程本身进行自动更新和维护，形成管理体系闭环，最终可实现运维的精准管理与资源的有效配置。

▶ 6.2.3 运维管理的基本工作

设施设备的信息完备性是运维管理的基本保障，整个运维阶段的管理工作，主要包括了下述内容。

1）设施设备的台账管理

设施设备台账是建筑运维管理中常用的设备参数表格，是指为汇总反映各类设备的使用、保管及增减变动情况而设立的设备登记簿。设施设备台账的主要内容有设备的编号、名称、型号、规格、重量、修理复杂系数、制造厂、制造日期、进厂日期、使用部门、安装地点、原始价值、折旧率、动力配置、随机附件及转移情况等。

设施管理的管理人员需要充分掌握设备的各种信息，在安装调试后，对设备进行编号登记，并填写设备登记卡片、登记表、设备台账等，记录设备的类型、重量、基本性能、设备部件、预计使用年限和设备变动情况等基本信息。在设备使用过程中，要进行设备维护保养计划，以上信息就是组织有效设备维护保养所需的依据。在设备检修时，检测人员需要根据设备设计安装细则和图纸资料、设备使用手册或操作规程手册，进行设备的测试、操作与维修。

在智慧运维管理中，管理人员可以用 BIM 数字模型提高设施设备台账的效率，实现数字化的设施设备台账。BIM 技术的优势之一在于存储了各种设施设备的竣工图，或是将新增设施设备数字信息存储在已有的三维 BIM 模型中，因此在基于 BIM 模型的数字化运维管理系统中，可以从三维数字模型获取设备信息，建立设备台账，满足设备及零部件入库、折旧、维修、保养、更换、报废等工作的跟踪和记录的要求。优势之二是 BIM 模型的三维可视化功能，用户既可以通过设备信息的列表方式来查询信息，也可以通过三维可视化功能来浏览设备的 BIM 模型。优势之三是 BIM 技术与其他信息技术的数据融合，例如，物联网技术的 RFID 标签标识可以识别设备资产或状态，并通过 BIM 模型精准定位到具体位置，方便查询。例如，在医院管理的设施设备维护中，各种医疗设施管理的类型多、数量多，利用数字化 BIM 模型和设施设备 RFID 芯片的融合，医院建筑内的诊疗设备、办公家具等固定资产都可以基于位置进行可视化管理，固定资产在楼层和房间的布局可以多角度显示，使用期限、生产厂家等信息也可即时查阅，通过 RFID 标签标识资产状态，还可实现自动化管理，不再依赖纸质台账。目前，基于 BIM 技术进行台账记录仍主要依赖人工录入，在完全智慧化运维到来时，设施设备的台账建立可以通过机器视觉、自然语言处理等技术实现语义识别的信息自动提取、记录和更新。

2）设施设备的巡检

设施设备巡检工作主要是确保各种设施设备一定时间段内的质量、安全等方面的运行状态，针对缺陷和安全隐患能及时采取有效措施，保证整个运维系统的稳定和安全。

巡检系统的发展，主要体现在系统的软件和硬件发展。巡检系统的硬件从接触式发展到非接触式，主要体现为信息钮方式和射频方式；软件也多借助于网络实现数据的信息化管理。以巡检结果管理方式为划分依据，设备巡检管理系统可以划分为人工巡检管理方式、半自动化设备巡检管理系统和智能化设备巡检管理系统。

（1）人工巡检管理方式

人工巡检主要是依靠巡检人员的个人经验进行设施设备故障、安全状态的识别，依赖手工进展纸质文档的记录，这是最传统的巡检方式。

（2）半自动化设备巡检管理系统

半自动化设备巡检管理系统需要一定的计算机水平，其核心是信息钮和手持式巡检仪。这种方式具有数据的永久保存和督促巡检员准时到场巡检的作用。巡检结果虽然可以实现永久保存，但依旧需要手工填写纸质巡检表。

（3）智能化设备巡检管理系统

首先，把需要巡检的设备组件在施工阶段就预埋上 RFID 芯片，并且映射至 BIM 模型这样可以量化巡查任务；巡查工作任务还可以通过模型展示指引，提高工作效率；系统通过动态分配的巡查任务，针对各种设备特点、巡查人员工种订制工作事项。其次，借助 BIM 的建设期归档信息，巡查人员发现问题设备时，可以马上通过手持终端调取相关设备技术资料，方便巡查人员查找原因。对于一些比较初级、简单的问题可以现场自行处理，无法处理的问题再通过系统提交修理部门维修，大大节约了人力成本，也变相增加了设备的使用效率。模型通过展现和查询系统、设备之间的控制逻辑拓扑和供电回路、地理位置、安装盘柜等信息，实现三维智能故障检修辅助。

（4）智慧化设备巡检

在智能巡检的基础上，智慧化设备巡检加入了人类的认知逻辑，可以模拟人的感知、触觉、听觉等，利用计算机视觉、机器学习、深度学习等人工智能算法，将巡检规则和内容进行算法化以后，通过巡检机器人的类化来开展巡检工作。这种智慧巡检方式就是"机器换人"，大大减少了对劳动力依赖，同时还能到很多人类不能到达的危险区域进行巡检。

3）维修保养

在建筑维护管理过程中，各个建筑物及相关设施需要进行日常运营维护，包括应需维护、定期维护、设备大中修，BIM 技术能快速、轻松地对应急维修设备数据进行访问，实现低成本、高效率的管理工作。

BIM 技术可以提高设备维修管理的流程和效率。按照设施维修计划，定期对设备的易受损部件进行维修和更换，维修人员依据 BIM 信息对故障报修的设备，快速定位，提供维修设备相关的技术资料和维修记录，提供到达维修位置的最佳路径。在维修后采集或录入维修信息，系统能自动记录维修结果，对更换设备或部件、构件的情况，自动在模型中进行记录和更新，并进行设施设备维修统计和分析。

除了建筑内部的维护管理，BIM 技术还可以支持管网的维修管理。在建模系统中完整地建立给水排水、通风、空调等专业的管道网络 BIM 模型，尤其是地下或隐蔽工程部分的管网，包括管网的布局、精确的走向和控制开关的准确位置，建立各种管网控制开关的相互顺序和控制逻辑关系。在管网维修和故障处置中，提供快速定位、维修最佳路径和各种开关控制逻辑判断功能帮助维修人员进行管网维修和故障处置。

4）设备维护的方式

（1）反应性维护

反应性维护（Reactive Maintenance）是设备一直使用到故障之后才进行维修。设备可修则修，不可修就置换。这种策略对那些成本很低，故障之后也无大碍的设备是可取的甚至很适用的。例如，厨房的灯泡坏了，换个新灯泡价格很低，其损坏后的影响也很小。但是，如果故障的成本很高和影响后果很严重，这种方法就不可取了。因此，反应性维护具有一定的缺点，这些缺点包括：

①容易违反安全或环境法规。
②故障之间的危害会增加维修成本。
③建筑的产品质量降低。
④建筑设备的可用率降低。
⑤增加了浪费和返工的成本。

（2）预防性维护

预防性维护（Preventative Maintenance）一般是用来针对那些高故障成本的设施设备。为了达到预防的目的，"故障"不仅指设备不能运转了，而且还包括设备不能在所需的质量、成本和产量下执行其应有的功能。为了避免过高的故障成本，预防性维护常常包括了定期加润滑油，调节、置换部件和清洗。这样做是基于如下的假设，即磨损是一个缓慢持续而不断累积的过程。预防性维护就是要阻止这种磨损的累积，使它保持在低水平。然而，大部分的磨损是突发的，一些外界的压力如润滑油污染物或是设备超过了设定极限，都会加速磨损，使本来很少或没有磨损的设备立刻老化。如没有及时维修设备会造成剧烈磨损而明显缩短设备的使用寿命。所以，许多预防性维护要么显得没必要，要么就是进行得太晚而没有效果。

基于上述原因，预防性维护具有一定的副作用：实施了过度的维护，以及没有必要的维护或者是没有效果的维护，导致增加不必要的维护成本，和出现由于不正确维护操作而引起故障的可能。

（3）预测性维护

预测性维护（Predictive Maintenance）通过分析实际设备的性能来决定维护的时间，以此来做预测维护活动。在这一策略中，预测性维护中的监测可以针对旋转式设备、电子设备、过程设备、传送器、阀门和其他设备类型。

在设施管理过程中，通过定期的预测性设施维护，可以在潜在问题发展严重前就找到问题，从而进一步产生价值。通过获取和对设施、构建系统和资产缺陷进行分类，设施管理系统可以提高设施资产的价值和环境效能。设施管理系统可以评估需要的投资、节省的能源和运行成本，以及每个机遇带来的投资回报，然后自动生成工作请求和资本项目，以管理缺陷的修复或环境机遇的落实。结果就是确保设施资产和基础设施处于最优运行状态，而且维护成本、服务提供和资本投资能达到最适合该机构的平衡状态。

6.3 智慧运维的关键技术框架

在智慧运维中需要各种技术的融合才能实现真正的智慧，以 BIM 模型作为运维管理的基底模型，通过物联网、传感网、云计算、人工智能、VR、AR 等技术进行数据融合和嵌入，实现智慧化。目前的运维管理已迈向以 BIM 为核心的数字化管理，要再进一步走向智慧化，除了 BIM 技术外，还需要融合物联网、区块链、RFID 等多种信息技术，系统性搭建智慧运维实现框架。智慧运维的系统设计与第 4 章中提及的信息物理融合系统（CPS）的基本逻辑是一致的，CPS 的技术构架成了整个智慧建造的内核引擎。

智慧运维的系统构架如图 6.1 所示，分为数据感知层、数据传输层、数据存储层、核心算法层、业务引擎及中间件、功能模块层及主要用户层。

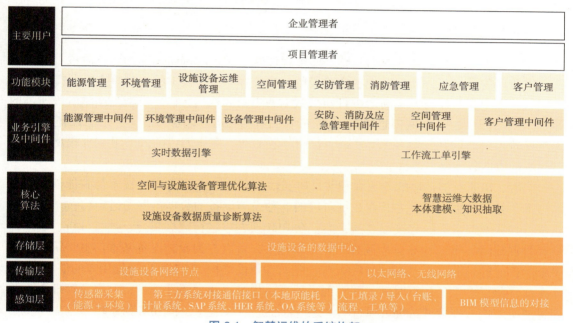

图 6.1 智慧运维的系统构架

▶ 6.3.1 智慧运维的数据感知层

数据感知层主要指系统底层数据感知和采集。感知层主要是由各种携带不同传感器的模块组成，其任务是采集数据实现对建筑物运维阶段的各种设施设备的全面感知。针对运维阶段所需要的数据，主要有下述几个来源。

①通过在设备或系统上加装传感器、数据或图像采集等感知仪器，如温度传感器、湿度传感器、声音传感器、光照传感器、RFID 芯片、视频监控器等，采集设备运行或空间的关键参数，如温度、流量、压力、人流、人群行为等，然后将采集的数据通过数据采集器存储至服务器中。

②通过第三方系统对接来实现数据的共享，如将楼控系统的空调控制系统、照明控制

系统、给水排水控制系统等对接至数字化运维平台，并根据统一的编码规则实现数据的标准采集上传。

③考虑数字化运维系统建设的经济性，部分功能通过人工抄表的形式上传数据，如建设设施设备管理系统，需要人工录入设备台账及物业巡检的时间及工作流程等内容。

④BIM模型信息的对接，BIM模型包含了大量的设施设备台账信息及空间信息，这部分信息对运维管理至关重要。

▶ 6.3.2 智慧运维的数据传输

运维阶段的数据传输是将建筑物设施设备数据从始节点传输到目的节点。网络层是数据传输的通道，网络层实现了以太网通信和无线网系统的结合和转换，进行数据的汇集交互、传输和数据的预处理。

▶ 6.3.3 智慧运维的数据存储

BIM技术是智慧运维的数据基础。设施管理处于建筑全寿命周期的运维阶段，它不仅需要本阶段的信息，还需要其他各个阶段的信息支持。BIM技术的典型特点就是围绕着同一模型，各个相关参与方不断地进行模型数据的更新和迭代，BIM模型为运维阶段所需的建筑图纸、建筑属性、空间信息数据、设备的初始数据和运行记录均提供了完备的信息保障。尤其针对建筑的信息庞大、类型复杂、存储分散和动态变化等特征，采用BIM模型作为智慧运维的数据载体显得非常关键。

同时，BIM模型接口的开放性和共享协同性，有效地支撑了BIM技术与其他信息技术的数据融合和数据交换。尤其在运维阶段的各种设施设备的数据需要通过定位技术、传感技术、物联网技术等的链接和数据交换，在BIM模型中进行数据集合、数据分析、数据优化和数据控制。例如BIM运用到智慧设施管理中，可以查询设施设备基本信息，精准定位设施设备位置，自助进行设备保修、设施设备的计划性维护，甚至可以根据用户的使用习惯，动态地优化设施设备运行时间，并实现远程自动化控制和预测性维护；在应急管理方面，如遇消防事件，该管理系统可通过喷淋感应器感应着火信息，在BIM信息模型界面中就会自动触发火警警报，着火区域的三维位置立即进行定位显示，控制中心可及时查询相应周围环境和设备情况，为及时疏散人群和处理灾情提供重要信息。

▶ 6.3.4 智慧运维的核心算法

核心算法层主要分为统计性数据分析和数据推演算法两类。

（1）统计性数据分析

统计性数据分析主要针对一些空间及设施管理产生的信息，这部分信息属于静态信息。由于该部分信息录入系统后一般不会发生变化，因此其算法较为简单，也不需要通过数字化平台来设计专门的数据诊断算法，主要用于运维阶段各种工作内容所需的状态呈现。

（2）数据推演算法

数据推演算法是主要针对运维阶段的动态信息进行分析。动态信息主要为设备运行过程中产生的数据，其数据始终处于变化中。其算法包括两部分：数据质量算法及数据挖掘算法，数据质量算法为数据挖掘算法的基础，系统一切功能的应用都依托于良好的数据质量，因此对动态数据的处理应先对数据质量进行筛查，然后再对筛查合格的数据进行数据挖掘。数据挖掘算法是从采集的大量数据中通过算法搜索隐藏于其中信息的算法，主要用于挖掘建筑的安全、环境、节能及人员管理方面的信息，并通过一定的算法来指导运维管理的优化和高效运营。这类算法尤其适用于设施设备、空间管理、能耗管理和应急管理中常见的预测性维护。例如，在设施管理中，经常通过设施的历史状态信息、维修记录、维护工作单等，基于历史大数据和机器学习算法，进行预测模型的训练，帮助管理人员在设施效率耗尽以前进行预测性维护。

▶ 6.3.5　业务引擎及中间件

业务引擎包括实时数据引擎及工作流工单引擎两部分。实时数据引擎用于连接动态数据库，工作流工单引擎用于连接静态数据库。中间件主要通过处理引擎和事物处理组件来管理底层的数据和上层业务逻辑的信息交换接口，为处于自己上层的业务支撑层面提供运行与开发的环境，帮助系统灵活、高效地集成复杂的应用功能。数字化建筑应用的中间件包括能源管理中间件、环境管理中间件、设施设备管理中间件、安防管理中间件、空间管理中间件以及客户管理中间件等组成部分。

▶ 6.3.6　功能模块层

智慧运维系统主要包括下述几个功能模块。

（1）设施设备管理

将物业人员的日常管理动作全部数字化，提升人员工作效率，降低人员考核难度。该系统一般包括台账、巡检、维保及工单 4 个功能模块，台账管理主要为建筑的资产管理；巡检管理主要为将日常的巡检内容及流程全部标准化，然后上传至数字化运维平台；维保管理主要将各类设备的维保内容、维保周期上传至平台，指导物业人员进行维保；工单系统一般为派单系统，将台账、巡检及维保产生的工单信息发送至物业人员，实现管理信息的可追溯及标准化。

（2）能源管理

能源管理主要能对建筑能源流向进行监控，并通过数据挖掘提炼，用于指导建筑节约能源、提升管理水平。

（3）空间管理

空间管理主要能描述设备的空间信息，并通过对空间信息的分析，定位来自各个系统的报警信息。

（4）安防、消防与应急管理

建筑的安全管理是指通过设置安全报警的门限来提醒管理人员，从而提升建筑应急管理的安全性。

（5）客户管理

客户管理系统主要用于建筑的租赁管理、计费管理及营销管理。租赁管理包括租赁空间的位置、面积、水电情况等；计费管理主要包括水电燃气等的用量及费用信息；营销管理则主要包含热情管理和市场风险管理。

▶ 6.3.7　主要用户层

在系统中，主要用户包括企业管理者、项目管理者和项目执行者 3 类，通过权限控制来访问运维系统的不同功能：企业管理者可以通过数字化运维平台获取所有项目的数据，并可通过系统应用来对各项目之间的运行情况进行横向对比，提炼运行的关键指标；项目管理者只能访问单体项目的平台数据，对单体项目进行管理；项目执行者主要使用执行层面的功能，如物业人员的工单、巡检、维保功能等，项目执行者无法访问其他功能。

6.4　智慧设施运维的应用范畴

在建筑、社区、城市内支撑它们正常功能运转的设施设备都可称为"设施"，从管网、垃圾桶、电梯、路灯、公共厕所，再到城市桥梁、道路等基础设施都是属于"资产"范畴。智慧设施运维的核心支撑技术是以 BIM 技术为典型代表所搭建的数据平台，通过建筑、社区和城市传感网和物联网的建构，实现数据的汇集，并在平台上实现设施设备台账记录和信息跟踪、设施设备巡检、设施设备报修、设施设备的预防性及预测性诊断、工单管理和任务指派、设施设备运行优化和自动控制等活动。

▶ 6.4.1　建筑设施运维智慧化

建筑内部常见设备包括中央空调设备、照明设备、生活用水设备、变配电设备、锅炉设备、集水井设备等。基于物联网、传感网、RIFD 等技术搭载的运营管理系统，可以对各种设备进行实时监测，管理人员可以实时查看各种设备的运行状态，对异常情况进行远程控制；通过各种设备和使用人的行为跟踪，建立优化算法，对设备运行过程中的能效进行智能优化，减少资源浪费。

目前，智慧建筑设施运维的主流是以 BIM 技术作为基础平台，通过将 BIM 模型应用于建筑运维阶段，既可有效提取设计、施工阶段的 BIM 数据辅助建筑运维，也可将后续运维数据以 BIM 模型为基础进行储存，实现建筑全生命周期数据管理，同步结合物联网、人工智能、大数据技术等新技术实现综合的运维管理。通过 BIM 模型与设备物联集成的结合，实现设备运行、安防管理、运行监控、设备管理、能源管理等的三维可视化统一监控与管理能得以实现，缩短数小时视频查询时间，设备故障排查效率、人员工作效率大幅提升，安保人员、专业工程师、运维工程师投入人数得以缩减；通过对运行数据进行智能分析，合理制订设备维修、维保、巡检计划，降低设备故障率，设备的平均使用寿命将有效提高，使建筑运维管理朝着信息化、科学化的方向发展。

例如，科大讯飞建立了基于 BIM 技术的建筑运维管理平台——科大讯飞建筑超脑运营管理平台（iBIM-FM），通过 BIM、AI、IoT 等技术，搭建基于 BIM 三维空间的智慧安防、智能管控、智能分析等应用的科大讯飞建筑超脑运营管理平台（iBIM-FM），通过"数字孪生"实现三维虚拟空间与物理建筑空间的规律映射，全面感知建筑内的人、事、物的数据信息，为建筑安全、服务、效能、运营的优化提供支撑和辅助。基于 iBIM-FM 平台，管理人员可实现建筑运维管理阶段的 BIM 模型管理、智慧安防、智能管控、轨迹分析、智能语音管家、设备知识图谱、智能预测分析、建筑运维智库、任务管理等诸多应用，并且通过 BIM、物联网、人工智能、大数据技术，管理人员实现基于 BIM 三维空间的安防管理、运行监控、设备管理、能源管理等。

在智能安防和轨迹分析方面，该平台通过人脸识别、视频分析、视频融合、模型算法等 AI 技术，为建筑提供 BIM 三维可视化的安全管控新模式；在特殊防疫时期或应急管控时，该平台能实现人员轨迹的三维追踪和接触人员的快速甄别，为建筑安全运行和人员健康安全提供有力防护。

在智能管控方面，该平台以 BIM 为载体，实现建筑设备资产数据的动态监控与可视化管理，通过在线管控，在特殊防疫时期，减少人员现场巡检，保障人员安全；同时通过 AI 智能分析与预测，让建筑学会自管控与自调节，保证建筑健康稳定运行。此外，作为智能语音的典型代表，科大讯飞先进的语音技术赋能建筑运营与管理，为人们提供了更好的生活与工作环境，大量应用于应急处置、任务调度、语音查询、语音填报等场景。

在设施设备管理方面，科大讯飞实现了智慧设备知识图谱，基于自然语言处理和 BIM 结构化数据，解析设备运维数据及规范，对接物联网数据，形成设备运维信息知识图谱，让设备运行状态有序可循，成为大数据分析和机器学习的基础。当建筑启动应急、防疫等管控时，快速提供建筑内设备全方位运行信息，实现快速决策。

此外，在更小尺度的建筑设施运维典型应用类型就是"智能家居"，2017 年工业和信息化部印发的《促进新一代人工智能产业发展三年行动计划（2018—2020）》中提到要深化人工智能在智能家居中的使用，支持智能传感、物联网、机器学习等技术在智能家居产品中的应用，提升家电、智能网络

智慧安防

设备、水电气仪表等产品的智能水平、实用性和安全性，发展智能安防、智能家居等产品，智能家居的发展是时代的总体趋势。中国信息通信研究院数据显示，2016 年全球智能家居服务市场价值为 24.6 亿美元，预计 2025 年将达到 109 亿美元，2017 至 2025 年的复合年增长率将达到 18.1%。《IDC 中国智能家居设备市场季度跟踪报告》显示，2018 年中国智能家居市场累计出货近 1.5 亿台，同比增长 36.7%。其中第四季度出货 4 610 万台，同比增长 45.4%。预计未来五年中国智能家居设备市场将持续快速增长，2023 年市场规模将接近 5 亿台。除了国家近年来不断的政策支持，5G 的出现，人工智能和物联网两大技术落地以及青年人群对智能产品消费的倾向性，都为智慧家居提供了良好的发展环境。

国内外越来越多的智慧家居涌现出来。武汉侨亚爱爸妈居家养老服务开发"E-脉手表和自助健康养老站"模式（图 6.2），运用移动通信网络、GPS 定位技术和物联网技术，为

老人打造安全健康的居家养老环境。医疗人员以客户的健康档案为基础，结合各种智能终端采集的数据，对客户的健康危险因素进行检测分析并给出有关指导。同时，该模式还支持通过系统提供远程专家问诊。老北京胡同区的白塔寺"未来之家"内部设置的智能电视能够操控室内可移动模块，除此之外，它还可以控制灯光模式、窗帘、安全警报和其他家居设备。面对信息与通信技术转型，德国电信公司通过搭建 Qivicon 平台（图 6.3）来加入智慧家居市场，Qivicon 平台除了提供包括视频监控、门禁管理、漏水检测等一系列基础功能外，还允许客户根据自身需求进行个性化场景定制。目前德国电信公司在德国境内的数字家庭用户约为 45 万，家庭宽带用户数约为 1 300 万，数字家庭用户数占比约为 3.5%。

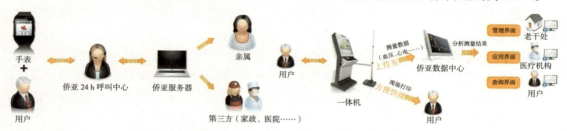

图 6.2　"E－脉手表和自助健康养老站"模式

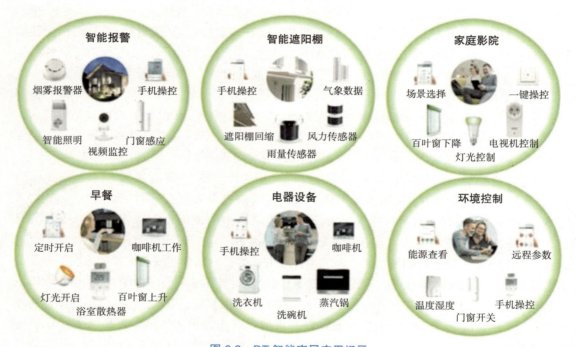

图 6.3　DT 智能家居应用场景

▶ 6.4.2　社区内设施运维智慧化

在社区或园区中的智慧化应用也非常成熟，各大城市都在推行智慧社区的建设。智慧社区是指社区管理和服务的数字化、便捷化、智慧化水平，是智慧城市建设的核心组成部分。2013 年，由科技部印发的《国家高新技术产业开发区创新驱动战略提升行动实施方案》首次在国家层面上提出了智慧社区的概念，提出"要推广物联网、云计算等信息技术在智慧社区、智能医疗、智能家居等服务领域广泛应用"。之后，国内社区尺度的物业管理行业掀起了一股智慧科技应用热潮，在行业头部企业的引领下，业内物业服务企业纷纷试水智慧科技"装备"，探路智慧物业建设。

国内物业管理行业经历了从流程化、线上化向数据化、智慧化的转型进程。物业管理行业从早期的科技应用到当下的智慧物业，探索出一套智慧物业发展的历程和内在逻辑。一是系统集成化。智慧物业的建设正在从信息孤岛向信息集成方向发展，进而达到信息共享。二是网络化。借助互联网和物联网技术，特别是 5G 时代来临，智慧物业正在实现真正的线上线下服务融合。三是设备智能化。随着智能科技的不断发展，设施设备正在向智能化方向发展，这也是智慧物业的基础支撑。如果从互联网视角来看，智慧物业利用互联网、大数据、物联网等先进信息技术手段，通过统一的大数据云平台将物业服务各个要素单位紧密连接了起来，实现了数据融合，并且对融合数据进行了分析和挖掘，打通了各要素单位之间的沟通壁垒，建立起了高效的联动机制，线上线下交互快速地解决物业服务中方方面面的问题，并满足业主和客户基于线下或线上的服务需求。

万科物业则借助 IT 技术与数字化应用，开发了针对业主端的"住这儿"和员工端的"助这儿"App，无缝衔接业主社区生活的各个场景。业主只要通过"住这儿"App 拍照上传即可完成报事，而服务系统会向服务人员推送工单，服务人员在手机上"抢单"。按照系统的作业标准完成服务后，拍照告知业主。整个过程报事便捷、响应快速、服务结果"有图有真相"，能够创造传统服务模式无法企及的用户体验。仅以 2017 年数据来看，万科物业业主共发出 771 万次报事请求，其中线上占比超八成——近几年，这一比例也有大幅增长。2014 年，龙湖斥巨资打造了千丁互联。近两年，除头部企业外，国内越来越多的中小型企业逐步加大了智能科技应用，以替代传统的人力作业方式，优化人员和设备管理，帮助企业实现降本增效，同时提升物业服务的智能化水平，改善业主的体验感。随之而来的还有跨界的科技企业巨头。2018 年 6 月，腾讯与碧桂园服务签署"共建人工智能社区"合作协议，并在"云平台服务"和"云监控服务"两个领域启动联合研发项目，此举标志着双方正式携手共建国内首个"AI+ 服务"社区。2019 年 5 月，美的置业以 1.2 亿元收购智能家居公司欧瑞博科技 15% 股权，进一步发展智慧社区及智慧家居。2019 年 6 月，绿地控股宣布分别投资城云国际和涂鸦智能这两家"独角兽"公司，其中城云国际为城市互联网运营商，涂鸦智能为智能平台科技公司，主要是开发人工智能 + 物联网（"AI+IoT"）以及语音 AI交互平台。

▶ 6.4.3　城市级设施运维智慧化

城市设施是指能提供特殊活动或功能的地点、设施或设备，如市政设施、办公楼宇、商业中心等，肩负保障城市各种经济活动和其他社会活动顺利、安全、持续进行的重要使命。城市设施由众多不同的系统构成，例如交通设施、能源设施、通信设施、教育设施、文化设施、娱乐设施、人防设施、给排水设施、医疗保健设施、体育运动设施、环境卫生设施、地下空间设施、防灾减灾设施、社区福利设施等。

近些年来，随着迅猛推进的中国城市化发展，各级城市都建设了大量的城市设施。经过多年积累，我国城市设施标准工作已有了一定基础，例如《城市公共设施规划规范》（GB 50442—2008）、《城市容貌标准》（GB 50449—2008）、《城市户外广告设施技术规范》（CJJ 149—2010）、《城市道路交通设施设计规范》（GB 50688—2011）、《园林绿化工程施工及验收规范》（CJJ 82—2012）、《环境卫生设施设置标准》（CJJ27—2012）、《城市地下空间设施分类与代码》（GB／T 28590—2012）、《游乐设施安全使用管理》（GB／T 30220—2013）、《数字化城市管理信息系统》（GB／T 30428—2013）、《城市照明自动控制系统技术规范》（CJJ／T 227—2014）、《社区养老服务设施设计标准》（DB11／1309—2015）、《大型公共文化设施建筑合理用能指南》（DB31／T 554—2015）、《城市基础设施》（GB／T 32555—2016）等。

目前来看，城市设施的种类繁多、部署分散、功能日趋复杂，传统重建不重管的思想使其面临着极大的管理与运维压力。城市设施的管理与运维能力不仅决定了一个城市有多智慧，也决定了它能走多远。根据国际电工委员会（International Electrotechnical Commission，IEC）关于智慧城市是"系统的系统（System of System）"的理念，在城市设施的建设使用过程中，也需要基于系统思维实现对城市设施全生命周期的智慧式管理和运维，才能起到支撑智慧城市发展的重要作用，通过建立设施管理标准促进城市设施要素互联互通、数据感知、状态分析、信息共享、优化配置、服务测评等，从而实现精细化、智慧化的城市设施运维管理。

在城市层面的设施运维管理，管理人员可以以建筑运维管理为核心，建立智慧城市的运维管理体系。通过可视化的 GIS+BIM 技术，结合 FM 运维管理系统来实时监测、跟踪各种设施设备的运行状态。

在桥隧方面，重庆千厮门嘉陵江大桥安装有桥梁结构运营状态健康诊断系统，配合传感器监测手段，实现了桥梁健康的智能诊断，桥上的三维超声传感器、GPS 定位、索力传感器等设备可以对风速、塔顶 3 项位移、桥梁受压影响等进行实时观测，通过网络数据传输为城市管理部门提供桥梁安全评估、预警等服务，为桥梁维修养护提供依据和指导。浙江安吉桥梁隧道的电子"身份证"进一步完善了该县智慧公路系统，通过扫描二维码可获得隧道的结构信息、病害数据等详细信息，调取以往检查数据，了解历史病害处置情况，为后续维护工作的顺利开展提供条件。城市交通方面，广州地铁 11 号线作为试点，通过"车载＋地面检测"体系与主动运维数据服务系统的结合，成功实现了线路、车辆、信号、供电各专业设施设备智能运维。目前，广州地铁已完成对轴温、轴侧震动等关键参数进行智能检测与预警，运用车载式轨道巡检技术对轨道缺陷进行智能识别可减少约 80% 的人工成本，供电运维模块接入广州地铁既有电力监控系统（SCADA）和精细化维修信息系统（LMIS）的相关数据，使数据的深度挖掘、趋势预测得以实现。

6.5　能源管理的智慧化

▶　6.5.1　能源管理

　　建筑运行阶段的能耗占社会总能耗的 30%，随之带来的能源使用不合理和环境污染问题日益突出。建筑节能减排作为国家节能减排的重要环节，在"新基建"浪潮推动下，建筑能源管理将呈现越来越重要的作用。高和资本城市创新基金出版的《建筑能源管理行业研究》指出，有效的能源管理可以节省高达 70% 的典型建筑或工厂的能源消耗。

　　能源管理就是对各类设施设备在运行阶段的能耗情况进行管理，通过设备改进或用能方式的变化来降低或优化所消耗的能量。从节能服务模式来讲，以硬件设备改造为主的传统方式，由于其具有投资大、周期长等特征，目前已经显现出越来越大的市场抗性。现有能源管理通常采用建筑能源管理系统进行管理，将所有与用能相关的系统进行集成，并且进行协调控制，科学地选用和制订能源管理的控制方案，并在保证建筑安全舒适的前提下实现智能化，最终实现建筑节能减排的效果，与此同时提升建筑环境品质和管理水平。而随着人工智能、自动化控制等技术的发展，原来仅作为数据管理工具的能源管理平台，有了实时监控能耗、主动优化能源消耗的作用。如今，管理人员只需通过平台进行运算与管理，就能达到节约能耗的作用，大大降低了初始投资，使节能、降低成本能够立竿见影。功能完备的智慧能源管理平台将是未来智慧建筑运维的基础设施。

▶　6.5.2　智慧能源管理的功能

　　建筑运行阶段的能耗主要来源于各种设施设备用电、用水、用燃气等带来的能源消耗。建筑能源管理系统是针对建筑物或建筑群内的变配电、照明、电梯、空调、供热和给水排水等机电系统的能源使用状况，采用实时能源监控、分户分项能源统计分析、优化系统运行。系统的数据将被接受并转换为增强决策和操作能力的信息，从而提高建筑使用者和所有者的效率和舒适性。

1）能源管理的需求

　　（1）电能管理

　　电能管理是对高低压配电室的配电回路进行电能质量监测及配电监控，以及对二、三级回路进行电力测量，建设监测网络。管理人员对用电量进行统计对比，实时监控配电系统。系统能进行模拟电费的计算，优化设备的运行方式，降低维护成本，减少电能消耗成本，提高电气系统运行管理效率。对配电系统运行进行全过程和全方位管理。

智慧能源

　　（2）燃气管理

　　建筑内部的燃气系统对燃气消耗进行计量，计量部位均采用远传流量计或超声波流量计，纳入能源控制中心的检测范畴。

（3）水能管理

市政供给的生活冷水系统、中水系统、热水系统对用水量进行计量分析，按规范要求对各系统机房用水、设备补水及其他需要计量的用水点等也应设置表单独计量；此外，排水系统、消防系统可另行计量。水能计量部位均采用远传水表或超声波流量计，纳入能源控制中心的检测范畴。

（4）空调

系统对入户冷热源，温度、流量进行监测，结合环境温度综合分析，直观展示环境温度曲线、体现空调系统效率，帮助加强空调系统的运行管理，出具节能诊断，改善并促进空调系统优化运行。

（5）照明

系统对包含室内照明、室内公共照明、室外景观照明、应急照明4项照明系统进行分项计量。在工作时间段、非工作时间段、景观时间段、应急时间段等多种不同的照明启动时间内，系统可以分析计算出各项所占比例、单位面积照明电耗等。系统还可以帮助查找管理漏洞，发现节能空间。另外，系统还可以实现对灯具的智能化集中调控管理。

（6）电梯

系统可以对建筑内部的电梯实际运行所消耗的电能、运行参数进行监测和多角度的分析。其中，电能、运行参数包括在建筑内的特定工作时间段（一天内商场内的客流高峰期 t_m、一周内的客流高峰期 t_{wm} 等）内所耗的电能，相同功能区域内同种类电梯（扶梯和直梯）所耗电能，单位面积电梯电耗、每台电梯运行累计时间、次数等。通过对电梯的设备管理，可以帮助发现节能空间，制订更为优化的电梯运行策略，节约电梯运行成本。同时可在系统中进行电梯基本信息的管理，如电梯的厂家、层站、载重、速度等有关技术参数，电梯故障、维保人员姓名、电话等维护信息。

（7）水泵

系统既可对建筑内部（以中央空调系统冷冻站、冷水泵和冷却水泵、生活冷热水泵为主）的各类水泵进行耗电量的计量监测、工作效率的综合计算，也可分别对工作时间内配合水泵在变频运行的同时，根据系统分析的结果在适当的工况点调整运行水泵的数量，使水泵始终保持在高效率区域运行。同时，用户可在系统中进行水泵基本信息的管理，如类型、厂家、功率、转速、流量等有关技术参数信息。

目前的能源管理实践，主要针对以上几个重点内容进行能耗监测，依据实际运行参数和耗电系数、单位面积电负荷等计算出单位时间的用电负荷，动态监控能耗数据，采用实时能源监控、分户分项能源统计分析、优化系统运行的方式，通过对重点能耗设备的监控、能耗费率分析等手段，得到设备的负荷变化特征，作为设备诊断和运行效率分析的依据，发现节能空间，从管理方式上实现节能的可能性。

2）智慧能源的基本功能

目前，能源管理系统或平台存在"重采集，轻分析""只监测，不控制"两个典型问题。"重采集，轻分析"的现象集中在系统用能数据采集上，做一些比较"炫酷"的数据可视化展示，但对数据本身没有进行深入的分析，更谈不上对节能和运维工作的指导；"只监测，不控制"反映的是系统只对用能情况做监测，即使发现问题也不进行干涉，整个机电系统仍然按照原有的状况进行运转，能源管理平台成了"冷眼旁观者"。然而，真正的智慧能源管理，要实现的是"会采集、有基准、深诊断、可优化、能控制"的逻辑闭环。

智慧能源管理系统的功能主要包括下述内容。

（1）建筑用能采集

采集数据是实现智慧化的前提，通过各种智能设备如智能电表、智能水表、智能燃气表等对水、电、燃气、冷/热源和设备的能耗进行实时自动采集和计量、保存和归类，替代繁重的人工记录。采用各种设备的协议转换网关进行对接，不同设备与管理系统能够互联互通，实时动态汇集建筑运维阶段的能耗大数据和用能习惯。

（2）数据迭代的能耗基准

系统按照能耗类型的不同分别进行管理，对其分类分项计量的数据进行统计计算，对实时数据、历史数据进行横纵向分析对比。系统通过大量的能源使用数据累积，实时开展能耗分析，形成能耗基线，按照影响能耗的因素对能耗数据进行归类，只让同类数据进行对比，为能耗控制优化提供参考。例如，从各种设备能耗、房间温度控制、空气质量、设备运行时间、供回水温度等多个维度，建立评价机电系统运行状况，并设立达标限值，系统自动给出达标/不达标的评判，让指标考核更加量化。

（3）智能诊断分析

根据建筑机电系统常见的关键运行参数，该系统建立的能耗变化影响因素的诊断指标体系能借助经验挖掘方法，深入总结长时间的运行状态积累和专家经验积累的数据，从不同的维度进行诊断分析，包括节能水平、设备健康度、环境舒适度等，针对每个发现的问题给出详细的问题描述和诊断原因推测，建立设备故障相关因素的知识图谱，形成诊断数据库和专家规则库；再结合机器学习算法，不断学习系统规律，让问题针对更为聚焦。在能源管理出现故障时，在发现问题后，系统能智能分析问题起因。

自动故障检测与诊断（Automated Fault Delection and Diagnostic，AFDD）是对问题、异常自动发现并且分析原因的一种方法体系。当建筑各机电子系统、暖通空调系统出现设备故障或运行超出正常逻辑时，该体系第一时间发现问题并智能分析问题的起因，让运维人员及早介入并全方位协助，将损失降低到最小。一旦系统发生故障或异常，必须迅速而准确地判断发生位置、原因。同时，系统在运行过程中应最大可能地具有预防性，即尽可能提早判断出可能发生的故障，以减少故障发生率或迅速排除故障。

（4）可优化

对能耗运维中常见的问题案例推理技术，基于专家经验建立智慧诊断决策系统，并给出运维的建议和步骤，担负起专家智力支持的功能。

（5）智能远程控制

系统可以实现对建筑自控、门禁、UPS、智能空调、变配电、照明和消防等子系统的大汇总，汇总后由控制中心统一调度；动态监控能耗数据，采用实时能源监控、分户分项能源统计分析、优化系统运行的方式，并通过对重点能耗设备的监控、能耗费率分析等手段，使管理者能够准确地掌握能源成本比重和发展趋势，制订有的放矢的节能策略。

► 6.5.3　智慧能源管理系统的应用

英国公司 Grid Edge 开发了"Flex2X"系统，该系统的工作原理是将从建筑物现有的能源管理系统中获得的数据与其他数据源相结合，然后使用人工智能算法进行分析，该算法可以实时优化建筑物的能源使用。这些算法被认为是"人工智能的"，因为它们会根据接收到的数据进行修改，这一过程称为"学习"。这样，该软件可以根据过去的经验提前 24 h 对建筑物的能耗进行预测。该软件还连接到电表和更广阔的电网。由此就可以监控电价和发电量，并根据任何给定时间的电费或碳强度来决定何时增加或减少建筑物的用电负荷。通过控制建筑物何时使用或多或少的能源，该软件将建筑物的电力负荷曲线从或多或少的固定负荷转换为灵活负载。灵活负载是当今能源市场中的一种重要商品，因为它们可以帮助能源市场运营商更好地管理需求的高峰和低谷，并将更多间歇性可再生能源并入电网。

6.6　应急管理的智慧化

► 6.6.1　应急管理

应急管理系统的提出可以追溯到第二次世界大战时期的民防计划，20 世纪 80 年代应急管理系统开始在全球范围内快速发展。所谓应急管理（Emergency Management），又称紧急事态管理或危机管理，是指在各种灾难和危机事件发生或即将发生之时，为保护人民群众的生命、财产安全和生态环境安全而采取的有组织的政府行为。它是一个国家应对突发事件的理念、制度安排和各类资源的综合，其建设体系决定国家应对突发事件的能力和效率。传统的应急管理蕴含风险管理（Risk Management）、危险要素管理（Hazard Management）、灾害管理（Disaster Management）3 层含义：风险管理强调减少危险发生的概率，危险要素管理强调限制危险发生的条件，灾害管理强调减轻危险造成的影响与后果。随着大数据、物联网、人工智能等新一代信息技术的发展，强调以人为本的应急管理越来越注重实时感知、智能预警、科学救援，一种可视化、协同化、智能化的智慧应急管理系统孕育而生，该系统又称为智慧应急指挥系统或智慧应急综合系统，其"智"体现在智能化、自动化、多谋化，"慧"体现在灵性、人文化、创造力，是一种运用具有智慧特征的新一代信息技术和持续创新的理念，通过智慧传感器和智能决策平台实现对突发事件的预警、防范、化解和善后等全过程管理的复杂系统。

► 6.6.2　智慧应急管理的技术实现

智慧应急管理系统的技术实现是以物联网、空间信息和大数据作为基础支撑，依托云计算、"互联网 +"、无人机等新技术手段，对跨地域、跨部门、跨专业的信息进行综合分析，资源整合和科学指挥，以满足应急值守和突发事件处理的需求。其技术体系主要包含监测与检测技术、应急通信技术、定位与遥感技术、物流运输技术、事故调查分析技术、数据处理分析技术以及决策支撑技术。

其中，应急监测检测技术包含视频监控技术、无线射频识别技术、传感技术等监测技术，以及光谱技术、色谱技术等检测技术，通过上述技术的不间断运作，以快速给出检测结果，为突发事件的发展态势和应急措施提供帮助。应急通信技术涉及公众通信网、无线传感器网络、卫星通信等多个技术领域，是各种通信技术、通信手段在紧急情况下的综合运用，在通信系统负载过大或无法正常运转的情况下，起到扩容或执行应急通信介质的作用。定位与遥感技术包含地理信息技术、全球定位技术和遥感技术，实现空间数据的获取、存储、整合、定位、查询和管理，从而增强应急管理系统中的数据分析、建模、预测、模拟等决策功能。应急物流技术能够协助完成运输、存储、装卸、包装、流通加工、配送、相关的信息处理等功能，达到在应急状态下更高效地实现物流活动中各环节的合理衔接，并取得最佳的经济和社会效益。事故调查分析技术是通过对事故现场的勘察取证，查明事故过程和诱发原因，进而认定事故等级，以形成事故报告。数据处理分析技术作为应急管理系统的关键技术，通过联机分析处理、可视化技术、案例推理与规则推理技术，对事故现场收集的图像、视频、音频等数据进行智能化处理。决策支撑技术是集成多种类型的决策方法与相关的技术手段，比如分类分级决策、不确定决策、多目标决策、损失评价与下一步的风险评估决策等。

▶ 6.6.3　应急管理的智慧化应用

1）基于智慧城市的应急管理

智慧城市运维阶段的应急管理充分利用科学信息技术，对整个城市进行全面感测与分析，可以有效预防突发性灾害，实现对城市公共安全突发事件的更加稳定、高效、人性化和智能化的管理。其主要集中于安防、能源、交通、医疗等领域。

城市安防应急系统是针对盗窃、抢劫、爆炸等治安事件，通过网络把多个成本相对较低的计算实体整合成一个集人防、物防、技防为一体的安防系统。相比于传统的城市安防，智慧安防应急系统是在已有异构的安防系统、社会治安视频系统、智能交通系统、GIS 和GPS 信息系统上，架构云计算平台，实现异构数据整合、数据挖掘、专家知识库等功能模块，实时通过网络通知城市应急部门，统一指挥公安、武警、交通和医院等部门协调行动。目前，通过利用城市安防系统，可使城市治安管理、公共安全、交通、食品监督等相关部门执法人员实现实时高效街道执法，并通过无线终端 App 软件完成远程视频监控非法高清图像的场景，推动城市公共安全应急管理向更加智慧化和精细化发展。

水资源检测应急系统是对江河湖泊、地下水、污水等水资源的数量、质量、分布状况、开发利用保护现状进行实时在线的智能化分析，利用无线传感网、互联网、卫星传输到信息中心，通过综合管理平台对污染情况进行监管，同时结合应用平台，为用户提供相应的应用，为政府和企业提供服务。相比于传统的能源应急系统，物联网水资源检测技术具有"测得准，传得快，说得清，管得好"等特点与作用。

智能交通应急系统是一种运用无线网络技术在大范围内、全方位进行智能分流、智能控制和干预的管理系统。该系统以 ITS 主控中心为核心，通过各线路公交车模块收集全市各公交车的位置、速度等信息，并结合 GIS 地理信息系统地图数据，提供可视化的实时路网负载图，分析各路段的拥堵等级，以实时、高效、准确地进行运输和管理。在火车站、商业街等人流聚集地存在私自违法承运，交通拥堵等现象，通过智慧应急系统进行远程监控，相关监管可以做到及时精细化指挥，从而确保交通畅通，交通安全有序。

智慧医疗应急系统是利用远程监控进行就地医疗就诊和急救调度的系统。该系统在城市内的各医院急救中心搭建远程监控平台，借助移动互联网，对救护车的停放状况、医护人员储备状况、救护状况等以可视化的形式传送到应急指挥中心，达到及时出诊，确保急诊和急救的时效性。相比于传统的医疗应急，智慧应急可以解决呼救者因突发事件而无法寻求帮助的情况，并根据多种场景进行选择性报警，实现自我、协助亲友及路人报警呼救等不同模式。

2）基于智能楼宇的应急管理

面向楼宇运维阶段的应急管理是在建筑内部集成大量的先进建筑信息化技术，应对常规条件，如烟感火灾报警、非法侵入、设备故障与报警等突发事件，目前的应急管理包括数字安防和数字消防。

（1）数字安防技术

数字安防技术是利用现代传感技术、数字信息处理技术、数字通信技术、计算机技术、多媒体技术和网络技术，对各种安防信息进行采集、处理和集成共享，打造高度安全、舒适的生活和工作环境。目前，数字安防主要由视频监控系统、防盗报警系统和门禁巡更系统组成。数字视频监控系统的核心设备是视频服务器，通过嵌入式实时多任务操作系统，将摄像机内的视频信息转化到内置的 Web 服务器，实现直接用浏览器检测建筑环境，同时控制摄像机、云台、镜头的动作等进行 360° 无死角安防。目前，该系统实现了高级运动检测、跟踪识别、物体滞留检测、人数统计、车流检测等功能，结合报警系统、门警系统等智能化子系统，以业务流程为基础，形成了更加高效、智慧的视频监控。防盗报警系统是对房屋的周边、空间、环境及人员进行非法入侵探测的整体防护系统。当盗贼从大门进入时，门磁将探测到的异常信号及时传输到主机；当盗贼破窗而入时，将触碰玻璃破碎探测器，把异常信号传送到主机；当异常举动人员进入监控范围内，红外探测器将传送信号给主机。当前的门禁巡更系统采用计算机中央控制管理，门禁控制器利用智能分布式处理技术，借助 RS-485 / 422 总线、TCP / IP、远程调制解调器进行网络通信。借助该系统，管理人员可以每天在移动端收到当天的巡检任务，明确巡更位置和巡更路线，对复杂、事故多发地段，及时调整巡检方案，规避事故隐患。

（2）数字消防技术

数字消防技术主要包括火灾参数的检测技术、消防设备协同控制、控制协调技术等。数字消防系统主要由火灾探测系统、智能报警与协同控制系统、树状控制系统以及应急救援定位系统组成，从而增强消防系统的应急能力，确保灾害中救援的成功率。火灾探测系统改变了传统探测器的性能，采用优势互补的复合探测器技术对信号进行分析判断。例如，在火焰燃烧的过程中，该系统通过捕捉燃烧产生的一系列化学反应和物理反应，以有效检测出先前火苗的正式情况, 大幅度提高了数字消防应急系统的可靠性。智能报警与协同控制系统采用总线制自动报警技术, 利用计算机的中央处理控制器与协同控制设备间通过总线建立数据相互传输的关系, 以传递包含设备检测、报警检测等多源数据信息。当发生火灾时, 消防人员可以借助互联网实现全集成化的远距离监控, 在前往火灾的路上确定灭火方案, 为保护生命和财产赢得宝贵时间。树状控制系统是通过中央控制系统对室内消火栓系统、火灾应急广播系统、电梯控制系统等实现各类消防树状控制。当火灾发生时, 火灾探测器会将感知情况发给主机, 消防主机在收到报警信号后, 根据火情采取一系列动作指令, 如迫降电梯回底层开启消防前室的正压送风机, 协同控制各消防设备投入灭火。应急救援定位系统采用惯性导航系统, 救援人员进入火场后, 通过身上的便携式硬件设备, 与消防应急系统的服务器相交互, 并下载建筑物的相关信息, 如层高、平面布置图、朝向、人员数量及分布位置等, 借助救援定位模块的硬件, 快速定位消防人员的位置信息, 为应急救援提供便利。

6.7　空间运维的智慧化

▶ ### 6.7.1　空间管理

空间作为建筑的基本单元, 是设施管理的载体和媒介, 不仅承载着有形的设备资产, 也承载着无形的人员组织, 为人们提供生活、工作所需要的使用功能。根据建筑设计要求, 空间可分为主要使用空间、辅助使用空间、交通联系空间以及结构空间 (或称为不可用空间)。其中, 主要使用空间是指建筑生产或经营所需的空间, 包括阅览室、办公室、会议室等; 辅助使用空间是为支持组织人员正常工作和生活所需要的空间, 包括储物室、卫生间、厨房等空间; 交通联系空间是指建筑中联系各个房间、楼层之间的空间, 包括走廊、楼梯等; 结构空间是机电设备安装和铺设所需的空间, 其对整个建筑构成有着重要影响, 包括走道吊顶上部空间。所有的设施管理职能都可以通过空间要素进行整合, 进而实现更高的管理绩效。因此, 空间的有效管理对建筑物的全生命周期管理具有重要的意义和价值。

空间管理作为设施管理不可或缺的部分, 集成了设施空间、用户、业务流程与科技, 其通过对空间位置的合理分配与空间流程的合理规划, 以确保空间利用最大化并提供良好的工作和生活环境, 从而促进空间内核心业务的顺利开展, 创造人与空间的和谐环境。空间管理主要由空间需求分析、空间规划、空间使用管理以及空间变化管理构成。空间需求分析是空间管理的基础工作, 可对空间需求进行有效分析, 以寻求空间使用成本和使用人员满意度之间的平衡, 达到空间效益最大化。其主要由空间需求数据采集、空间需求预测和确认空间需求组成。由于空间需求受市场、经济环境或业务等方面变化的影响, 在进行空间需求预测时应基于科学合理的方法对使用空间的配置面积、工位数量等指标进行预测, 从而为相关资产配置、财务决策提供依据。空间规划是空间管理的重要内容, 受空间所有者和运营者的需求影响, 依据不同建筑和不同尺度来划分空间类型、制订空间标准、确定空间形式和布局等，以实现空间资源的有效配置。若将空间视作资产就会产生空间库存的概念，而空间库存总是在发生变化，需要对空间信息的动态变化进行合理控制。而空间使用管理则是通过建立空间库存信息、安排空间调配任务、核算空间使用成本，掌握空间库存状况，保障空间管理的全面性、可靠性和即时性。作为实现空间管理的重要条件，空间变化管理以构建共同愿景和计划、组建工作团队并管理变化和开展新启用空间核查及评估为工作内容，建立可持续使用的数据库，实现与真实空间运营的实时连接。

纵观空间管理的整个过程，需要不断整合和持续跟踪大量空间信息，传统的空间管理因为其管理手段单一、管理工具简单，主要是依靠数据表格（表单）或 OA 系统对空间进行记录和分配，缺乏直观高效的查询检索功能，且需要管理人员具有较高的专业素养和操作经验，从而造成空间数据不易存储、管理效率难以提升、管理难度增加等问题。然而，伴随着 BIM、物联网、人工智能、大数据等现代信息技术的快速发展，将开创智慧空间管理时代。现代信息技术以其在空间管理方面的独特优势，能够有效解决传统空间管理存在的问题，从而实现数据信息化、三维可视化查询、大区域联动管理等效果，保证数据的完整性、真实性和实时性，提高了空间管理的效率和质量。

▶ 6.7.2 智慧化空间管理的技术实现

1）基于 BIM 模型建立空间数据库

空间管理的重点在于建立一个方便大家协同管理、数据存储、信息调用的空间信息数据库。空间信息数据贯穿建筑全生命周期，包含建筑作为空间的所有信息，业主和设施管理团队可以通过使用这些信息更快、更好、更高效地对空间进行合理配置。而 BIM 模型可以作为空间管理的信息载体，将所有的信息以空间属性的方式进行体现。通过当代建筑信息模型建立的工具将空间信息建立为空间 BIM 模型，搭建基础数据库。从建筑全生命周期的角度，管理人员应结合组织业务流程和物理空间的分布，对空间管理流程进行规划，并且在空间 BIM 模型的基础上对组织内的各个业务流程进行规划和模拟。

2）基于 BIM 技术的建筑空间功能实现

BIM 作为一种基于全生命周期评估的设计方法，其特征在于 3D 模型的数字表示，基于 BIM 模型建立的空间信息数据库，有助于对建筑空间进行集成化管理，提高建筑空间的信息化管理水平。

（1）实现建筑空间三维的可视化展示

BIM 技术构建建筑物的三维模型，可以动态、直观地展示建筑内外部的空间信息。基于空间信息的及时更新与维护，使用者能够借助 BIM 模型查看不同层次的空间细节。在 BIM 模型上，用户还可将建筑空间按特定属性进行分类显示，比如根据空间用途的差异用不同颜色对相应空间进行着色显示，以提升 BIM 空间信息的可读性。

（2）实现空间信息的统计与分析

空间信息既包括了空间本身的物理参数和功能属性，又涵盖了在空间内发生的一切活动与事件信息。附加于 BIM 模型上的空间信息能直观传递特定空间的多维度属性。基于 BIM 的空间信息统计与分析，使用者能准确描述空间使用现状，揭示空间的占用特征及规律，进而为空间需求的预测提供强有力的依据。

（3）提升空间需求管理效率

空间需求主要包含空间改造、搬迁、空间租赁等与空间变更相关的事项，受使用者业务变化的影响，通过将空间需求处理流程集成于空间管理系统之中，能实现空间需求信息与 BIM 空间信息的高效对接，有效提升管理效率。

（4）实现空间及其附属对象的准确定位

使用者根据需求，按照 BIM 模型搜索需求输入相应的名称，查看特定空间及其附属对象的位置信息。除此之外，当发生火灾、设备故障、外部入侵等紧急情况时，建筑空间管理可通过 BIM 模型与视频监控、传感器、计量表等感知装置的结合实现位置主动报警，提升人员的反应速度。

3）BIM 技术在不同类型建筑的空间管理应用介绍

随着 BIM 技术的发展和建筑物运维阶段重要性的提升，管理人员对空间管理的需求随之上升，追求更加高效、精准、低成本的空间管理方式。BIM 技术可以实现建筑空间和设施设备信息高度集成和三维立体可视化，对建筑空间的使用情况进行实时展示，以提升组织的空间管理水平和加强空间需求的应对能力，使空间利用效益最大化。已有许多学者尝试将 BIM 技术运用于不同类型建筑的空间管理的研究中。

以某商业建筑项目为例，通过具体软件操作构建物业空间管理 BIM 模型，使用者能筛选物业空间管理所需信息，并借助云端实现移动化数据交换，设计了物业空间管理的理论框架与组织流程，以提出实际运用中相应的问题与解决方案。基于 BIM 技术的物业空间管理不仅实现了信息的无障碍交流，提高了空间管理效率，而且有助于提升管理者的管理水平，形成及时、高效、精准的空间管理。上海建工四建集团自主研发的基于 BIM 的医院建筑智慧运维系统（简称"BIM 运维系统"，下同）的功能，并在某新建医院综合楼进行应用验证，该 BIM 运维系统包括医院建筑空间布局、机电系统逻辑结构和运行机理、视频监控和安防报警布置、报修报警定位等功能，使医院管理者、运维人员等最终用户能够直观地了解建筑空间管理、机电设备实时运行状态，达到可视化、集成化运维管理，从而提升医院建筑运维管理水平。

随着校园环境信息化程度的不断提高，校园空间管理面临着越来越大的困难。有些大学引进了计算机辅助设施管理系统，用于校园区域内整体设施的空间管理。而由于包含空间数据和设施信息的空间规划则通过具有不同数据库的其他部门进行管理，导致现有系统中没有集成模型，设施和设备仅以文本和二维图形数据描述，使得设施管理员难以直观地理解和管理空间信息。Ji 和 Seungyeul 等学者采用面向对象的软件工程方法，在移动环境下实现了一个基于 BIM 的校园空间管理增强现实系统，从而构建出 3D 模型的数字表示，并实现了数字模型和现实生活之间的有效信息传输，不仅可以帮助管理人员有效地管理和轻松地纠正空间信息中存在的问题，还可以帮助普通用户生成空间管理数据，从而快速提供系统信息。

▶ 6.7.3 智慧空间运维的应用展望

数字化转型是我国经济社会未来发展的必由之路，而建筑行业作为我国国民经济的支柱型产业，其数字化转型已是产业革命发展的必然。因此，未来的空间管理方式必定转向智慧化。数字孪生等新技术与国民经济各产业融合不断深化，将有力推动着各产业数字化、网络化、智能化发展进程，成为我国经济社会发展变革的强大动力。数字孪生集成物联网、大数据、人工智能等新一代信息技术，被认为是一种实现虚拟世界和物理世界交互融合的有效手段。其以数字化方式创建物理实体的虚拟实体，借助历史数据、实时数据以及算法模型等，模拟、验证、预测、控制物理实体全生命周期过程的技术手段。

基于 BIM 技术的空间管理仅是通过 3D 可视化建模，形成蕴含空间信息的 BIM 模型，却无法实现数据的实时更新以及对真实空间信息的精准感知。而随着物联网、人工智能、大数据等新一代信息技术的不断发展，在未来将会实现物理空间和数字空间的信息共享，形成由数字孪生驱动的智慧化空间运维。数字孪生通过构建建筑物理空间及网络虚拟空间一一对应、相互映射、协同交互的复杂系统，在网络空间再造一个与之匹配、对应的孪生模型，实现空间全要素数字化和虚拟化、空间信息实时化和可视化。基于管理者对空间的需求，孪生模型用计算、仿真、分析等方式进行虚拟实验，为空间管理制订科学决策。通过跟踪空间管理的历史记录构架空间优化的规则，该模型最终可以实现自我学习、自我驱动，进而给予空间管理实时动态、虚实互动的优化模式。

思考题

1. 请列举智慧运维的应用范畴。
2. 运维管理的形式变迁包括几个阶段？
3. 智慧运维包括哪些基本工作？
4. 智慧运维的关键技术框架是什么？
5. 请思考并设计智慧空间运维的新场景。

参考文献

[1] 徐律.基于增强现实的计算机辅助手术规划与导航系统关键技术及实验研究[D].上海:上海交通大学, 2018.

[2] JORGE C. McDonald's Japan: AR and IoT Marketing Strategy with Pokemon GO[J]. Journal of Global Economics, 2019, 7(2): 332-340.

[3] 刘思源,曾传华,夏茂栩,等.AR 技术在汽车工业领域的应用[J].科技创新导报,2017,14(19): 110-111.

[4] MAIN G F, FENIOSKY P M, SAVARESE S.D4ar-a 4-dimensional augmented reality model for automating construction progress monitoring data collection, processing and communication[J]. Journal of Information Technology in Construction, 2009(14): 129-153.

[5] YEH K C, TSAI M H, KANG S C.On-site building information retrieval by using projection-based augmented reality[J].Comput.Civ.Eng.2012, 26(3): 342-355.

[6] PARK C S, KIM H J.A framework for construction safety management and visualization system[J].Autom.Constr, 2013(33): 95-103.

[7] 黄涛娟.AR 技术在建筑施工领域的开发与应用[J].建筑施工, 2018, 40(10): 1831-1832, 1837.

[8] 李端阳, 耿振云, 王帅.AR 技术将强化 BIM 优势[N].北京: 中国计算机报, 2016-07-04(004).

[9] 王廷魁, 胡攀辉, 王志美.基于 BIM 与 AR 的全装修房系统应用研究[J].工程管理学报, 2013, 27(4): 40-45.

[10] 刘勇.VR、AR 在建筑工程信息化领域的应用[J].土木建筑工程信息技术, 2018, 10(4): 100-107.

[11] ELEONORA B, GIUSEPPE V. Augmented reality technology in the manufacturing industry: A review of the last decade [J]. IISE TRANSACTIONS.2019, 51(3): 284-310.

[12] PAUL M, HARUO T, AKIRA U, et al. Augmented reality: a class of displays on the reality-virtuality continuum [P]. Other Conferences, 1994, 2351(34): 282-292.

[13] AZUMA R.Tracking requirements for augmented reality [J].Communications of the ACM, 1993, 36(7): 50-51.

[14] 徐兆吉, 马君, 何仲, 刘晓宇 . 虚拟现实: 开启现实与梦想之门[M]. 北京: 人民邮电出版社, 2016.

[15] PAUL M, FUMIO K. A Taxonomy of Mixed Reality Visual Displays [J].IEICE Transactions on Information System, 1994, E77-D(12): 1321-1329.

[16] 史蒂夫·奥克史他卡尔尼 . 华章程序员书库 增强现实技术、应用和人体因素 [M]. 北京: 机械工业出版社, 2017.

[17] IRIZARRY J, GHEISARI M, WILLIAMS G, et al. InfoSPOT: A mobile Augmented Reality method for accessing building information through a situation awareness approach [J].Autom. Constr.2013, 33(aug.): 11-23.

[18] 张燕翔 . 舞台展演交互式空间增强现实技术 [M]. 北京: 中国科学技术大学出版社, 2018.

[19] 徐雷, 殷鸣, 殷国富 . 数字化设计与制造技术及应用 [M]. 成都: 四川大学出版社, 2019.

[20] 孙志礼, 姬广振, 闫玉涛 . 机械产品参数化设计技术 [M]. 北京: 国防工业出版社, 2014.

[21] 徐卫国 . 参数化非线性建筑设计 [M]. 北京: 清华大学出版社, 2016.

[22] BOHNACKER H, B G, LAUB J. Generative Gestaltung [M].Hermann Schmidt Verlag, 2009.

[23] 袁烽, 门格斯 . 建筑机器人: 技术、工艺与方法 [M]. 北京: 中国建筑工业出版社, 2020.

[24] 于军琪, 曹建福, 雷小康 . 建筑机器人研究现状与展望[J]. 自动化博览, 2016(8): 68-75.

[25] 李朋昊, 李朱锋, 益田正, 等 . 建筑机器人应用与发展[J]. 机械设计与研究, 2018, 34(6): 33-37.

[26] 国家标准化管理委员会 . 机器人分类: GB/T 39405—2020 [S/OL]. 北京: 国家市场监督管理总局 . 2020: [2021-04-01].

[27] 国家标准化管理委员会 . 特种机器人分类、符号、标志: GB/T 36321—2018 [S/OL]. 北京: 国家市场监督管理总局, 2018: [2021-04-01].

[28] 张茂川, 蔚伟, 刘丽丽 . 仿人机器人理论研究综述 [J]. 机械设计与制造, 2010(4): 166-168.

[29] 华俊芳 . 四自由度机械手的液压系统设计 [J]. 电子世界, 2014(21): 150.

[30] 林军, 吴榕, 杨忍, 等 . 外骨骼机器人的发展与面临难题[J]. 硅谷, 2012, 5(20): 147, 167-168.

［31］ 国家标准化管理委员会. 机器人与机器人装备 词汇: GB/T 12643—2013［S/OL］. 北京: 中华人民共和国国家质量监督检验检疫总局, 2013:［2021-04-01］.

［32］ 中国（深圳）无人机产业联盟. 中国无人机通用技术标准: QT JYEV—2015［S/OL］. 深圳: 中国（深圳）无人机产业联盟, 2015:［2021-04-01］. http://www.cuiia.org.cn/.

［33］ 张兰廷. 大数据的社会价值与战略选择［D］. 北京: 中共中央党校, 2014.

［34］ Science E. Special online collection: Dealing with data［EB/OL］. The United States: Science, 2011:［2011-02-11］.

［35］ MANYIKA J, CHUI M, BROWN B, et al. Big data: The next frontier for innovation, competition, and productivity［R/OL］. The United States: The McKinsey Global Institute, 2011:［2013-07-24］.

［36］ IDC. 中国互联网市场洞见: 互联网大数据技术创新研究［R/OL］. 北京: IDC 国际数据公司, 2012:［2013-07-04］.

［37］ JI C Q, LI Y, QIU W M, et al. Big data processing in cloud computing environments［C］// International Symposium on Pervasive Systems. IEEE Computer Society. 2012: 17-23.

［38］ 李学龙, 龚海刚. 大数据系统综述［J］. 中国科学: 信息科学, 2015, 45（1）: 1-44.

［39］ 付雯. 大数据导论［M］. 北京: 清华大学出版社, 2018.

［40］ 高勇. 啤酒与尿布［M］. 北京: 清华大学出版社, 2008.

［41］ 维克托·迈尔舍恩伯格, 肯尼斯·库克耶. 大数据时代［M］. 盛杨燕, 等译. 杭州: 浙江人民出版社, 2013.

［42］ 丁烈云. 数字建造导论［M］. 北京: 中国建筑工业出版社, 2019.

［43］ 姚忠将, 葛敬国. 关于区块链原理及应用的综述［J］. 科研信息化技术与应用, 2017, 8（2）: 3-17.

［44］ 华为区块链技术开发团队. 区块链技术及应用［M］. 北京: 清华大学出版社, 2019.

［45］ 黄龙. 区块链数字版权保护: 原理、机制与影响［J］. 出版广角, 2018（23）: 41-43.

［46］ 降惠, 李杰. 农业专家系统应用现状与前景展望［J］. 山西农业科学, 2012, 40（1）: 76-78.

［47］ 熊娅先, 尚志会, 张国发, 等. 人工智能在医疗领域中的应用与挑战［J］. 计算机时代, 2020（7）: 112-114.

［48］ 刘伶俐, 王端. 人工智能在医疗领域的应用与存在的问题［J］. 卫生软科学, 2020, 34（10）: 23-27.

［49］ 麻斯亮, 魏福义. 人工智能技术在金融领域的应用: 主要难点与对策建议［J］. 南方金融, 2018（3）: 78-84.

［50］ 中国人民银行武汉分行办公室课题组, 韩飚, 胡德. 人工智能在金融领域的应用及应对［J］. 武汉金融, 2016（7）: 46-47, 50.

［51］ SOUDER J J, CLARK W E. Computer Technology: A New Tool for Planning［J］. AIA Journal. 1963（10）: 97-106.

［52］ CHEN S M, GRIFFIS F, CHEN P H, et al. Simulation and analytical techniques for construction resource planning and scheduling［J］. Automation in construction, 2012, 21（Jan.）：99-113.

［53］ CHENG M Y, TSAI H C, SUDJONO E.Evolutionary fuzzy hybrid neural network for dynamic project success assessment in construction industry［J］.Automation in Construction, 2012, 21（none）：46-51.

［54］ JUNG N, LEE G.Automated classification of building information modeling（BIM）case studies by BIM use based on natural language processing（NLP）and unsupervised learning［J］. Advanced Engineering Informatics, 2019, 41（AVG）：100917.1-100917.10.

［55］ YU W D, HSU J Y.Content-based text mining technique for retrieval of CAD documents［J］. Automation in Construction, 2013, 31（May）：65-74.

［56］ NIU J, ISSA R R A.Rule-based NLP methodology for semantic interpretation of impact factors for construction claim cases［C］// 2014 International Conference on Computing in Civil and Building Engineering Orlando.Reston, VA：American Society of Civil Engineers, 2014（11）：2263-2270.

［57］ 王忠宏, 李扬帆, 张曼茵.中国 3D 打印产业的现状及发展思路［J］.经济纵横, 2013（1）：90-93.

［58］ LORBER B, HSIAO W, HUTCHINGS I M, et al.Adult rat retinal ganglion cells and glia can be printed by piezoelectric inkjet printing［J］.Biofabrication, 2013, 6（1）：015001.

［59］ KIZAWA H, NAGAO E, SHIMAMURA M, et al.Scaffold-free 3D bio-printed human liver tissue stably maintains metabolic functions useful for drug discovery［J］.Biochem Biophys Rep, 2017（10）：186-191.

［60］ SCHAFFNER M, RUHS P A, COULTER F, et al.3D printing of bacteria into functional complex materials［J］.Sci Adv, 2017, 3（12）：eaao6804.

［61］ 郑一鸣, 王达辉.3D 打印技术在儿童先天性脊柱侧凸矫形中的应用初探［J］.中国数字医学, 2017, 12（7）：18-20.

［62］ PEGNA J.Exploratory investigation of solid freeform construction［J］. Automation in Construction, 1997, 5（5）：427-437.

［63］ 丁烈云, 徐捷, 覃亚伟.建筑 3D 打印数字建造技术研究应用综述［J］.土木工程与管理学报, 2015, 32（3）：1-10.

［64］ SOAR R, ANDREEN D.The role of additive manufacturing and physiomimetic computational design for digital construction［J］.Architectural Design, 2012, 82（2）：126-135.

［65］ BOSSCHER P, WILLIAMS R L, BRYSON L S, et al.Cable-suspended robotic contour crafting syste［J］.Automation in Construction, 2008, 17（1）：45-55.

［66］ 蔡志楷, 梁家辉.3D 打印和增材制造的原理及应用［M］.北京：国防工业出版社, 2017.

［67］ 梁汉昌, 陈结龙, 莫锡强, 等 .3D 打印技术及应用［M］. 北京: 中国水利水电出版社,
2020.

［68］ 吕鉴涛 .3D 打印原理技术与应用［M］. 北京: 人民邮电出版社, 2017.

［69］ 周伟民 .3D 打印技术［M］. 北京: 科学出版社, 2016.

［70］ 黄玉兰 . 物联网技术导论与应用［M］. 北京: 人民邮电出版社, 2020.

［71］ 拉杰·卡马尔 . 物联网导论［M］. 北京: 机械工业出版社, 2020.

［72］ 陈志新 . 物联网技术及应用［M］. 北京: 中国财富出版社, 2019.

［73］ 甘早斌 . 物联网识别技术及应用［M］. 北京: 清华大学出版社, 2020.

［74］ 武慧敏, 高平 .BIM 在建筑项目物业空间管理中的应用［J］. 项目管理技术, 2015, 13（10）:
57-63.

［75］ 余芳强 . 基于 BIM 的医院建筑智慧运维管理技术［J］. 中国医院建筑与装备, 2019, 20（1）:
88-91.

［76］ JI S Y, KIM M K, JUN H J.Space Management on Campus of a Mobile BIM-based Augmented
Reality System［J］.Architectural Research, 2017, 19（1）: 1-6.

［77］ SCHWAB O, BUEHLER M M. Future Scenarios and Implications for the Industry［J/OL］.
The United Kingdom: World Economic Fotum, 2018［2021-4-1］.

［78］ 高喆, 顾江, 顾朝林, 等 . 美国万亿基础设施重建计划分析［J］. 经济地理, 2019, 39（10）:
6-13.

［79］ Cabinet Office.Government construction strategy［R］.The United Kingdom: Cabinet Office,
2011: 1-19.

［80］ Infrastructure and Projects Authority.Government construction strategy: 2016-20［R］.The
United Kingdom: HM Treasury and Cabinet Office, 2016: 1-16.

［81］ John MeAsian, Hufton&Crow, ent.Construction 2025: industrial strategy: government and
industry in partnership［R］.The Uited Kingdom: HM Government, 2013: 1-73.

［82］ Cabb Office.Government construction strategy: 2016—2020［R］.The United Kingdom: Cabinet
Office, 2016: 1-19.

［83］ SHAYESTEH H.Digital Built Britain Level 3 Building Information Modelling Strategic Plan
［R］.The Uited Kingdom: HM Government 2015: 1-47.

［84］ BOUTON C, KIRSTEN L.Capability Framework and Research Agenda for a digital built
Britain［R］.Germany: the Centre for Digital Built Britain, 2019: 1-225.

［85］ Federal Ministry of Transport and Digital Infrastructure. Roadmap for Digital and Construction
［R］. Germany: Federal Ministry of Transport and Digital Infrastructure, 2015.

［86］ RAJAT A, SHANKAR C, MUKUND S. Imagining construction's digital future［R］. The
United States: McKinsey & Company, 2016: 1-9.

［87］ ALMEIDA P, SOLAS M Z, RZ A, et al. Shaping the Future of Construction: A Breakthrough in Mindset and Technology, 2016.

[88] RIBEIRINHO M J, MISCHKE J, STRUBE G, et al.The Next Normal in Construction: How Disruption is Reshaping the World's Largest Ecosystem [R].The United states: Mickinsey & Company, 2020: 1-84.

[89] 逍遥 . 远大住工: 坚守长期主义 抢抓机遇窗口 [N]. 中国建设报, 2021-01-21 (008).

[90] 赵峰, 王要武, 金玲, 等 .2019 年建筑业发展统计分析 [J]. 工程管理学报, 2020, 34 (2): 1-5.

[91] 亢舒 . 中国建筑已发展成为全球唯一营业收入超千亿美元的基建公司——标示中国改革发展新高度 [N / OL]. 经济日报, 2018-07-30 [2021-04-01].

[92] MCKINSEY.Construction and Building Technology-poised for a breakthrough [R]. The United States: McKinsey & Company, 2020: 1-49.

[93] KEVIN W W, JONATHAN W, JEONGMIN S, et al. Digital China: Powering the economy to global competitiveness [R]. The United States: McKinsey & Company, 2017: 1-24.

[94] KLAUS S. The Global Competitiveness Report 2018 [R]. Cologny/Geneva Switzerland: World Economic Forum, 2018: 1-671.

[95] B. Sertyeşilişik. Global trends in the construction industry: Challenges of employment [R]. The United States: IGI Global, 2017: 255-274.

[96] 国家统计局 . 2019 年农民工监测调查报告 [R]. 北京: 国家统计局 ,2020.

[97] Health and Safety Executive.Construction statistics in Great Britain, 2020 [EB / OL]. (2020-09-04) [2021-04-01].

[98] 何亮 . 应对气候变化 "绿色建筑" 促减排 [N]. 科技日报, 2019-12-24 (003).

[99] 中华人民共和国环境生态部 .2020 年中国环境噪声污染防治报告 [EB / OL].(2020-06-19) [2021-04-01].

[100] 中国建筑节能协会秘书处 .2019 中国建筑能耗研究报告 [J]. 建筑, 2020 (7): 30-39.

[101] 姜曦, 王君峰 .BIM 导论 [M]. 北京: 清华大学出版社, 2017.

[102] 张洋 . 基于 BIM 的建筑工程信息集成与管理研究 [D]. 北京: 清华大学, 2009.

[103] 陈蕾 . 突发疫情下 BIM+3D 打印的装配式建筑技术组合应用的优势 [J]. 武汉交通职业学院学报, 2020, 22 (1): 81-84.

[104] 丁智深, 赵娜 . 设施管理及其在中国的发展 [J]. 建筑经济, 2007 (S1): 23-26.

[105] 江文 .BIM 技术在公共建筑运营维护阶段的应用研究 [D]. 大连: 大连理工大学, 2016.

[106] 汪再军 .BIM 技术在建筑运维管理中的应用 [J]. 建筑经济, 2013 (9): 94-97.

[107] 曹其华 . 工业企业能源管理分析及实践 [J]. 节能与环保, 2017 (11): 60-63.

[108] 铁燕 . 中国环境管理体制改革研究 [D]. 武汉: 武汉大学, 2010.

[109] 郑秋玲 . 长春市居住区声环境研究 [D]. 长春: 吉林建筑大学, 2015.

[110] 陈秋琼 . 改善室内空气环境的几种方法 [J]. 上海建设科技, 2000 (3): 14-21.

[111] 高履泰 . 光环境的剖析 [J]. 照明工程学报, 2000 (4): 41-43.

[112] 李天峰 . 基于位置的声环境泛在信息采集分析平台的设计与实现 [D] . 南京: 南京师范大学, 2019.

[113] 刘林, 张瑞秋 . 计算机辅助设计 [M] . 广州: 华南理工大学出版社, 2015.

[114] 徐卫国 . 参数化非线性建筑设计 [M] . 北京: 清华大学出版社, 2016.

[115] 何关培 . BIM 总论 [M] . 北京: 中国建筑工业出版社, 2011.

[116] 李建成, 王广斌 . BIM 应用 . 导论 [M] . 上海: 同济大学出版社, 2015.

[117] CHUCK E, PAUL T, RAFAEL S et al. BIM Handbook: A Guide to Building Information Modeling for Owners, Managers, Designers, Engineers and Contractors [M] . 2nd Ed. Hoboken: John Wiley & Sons, Inc, 2011.

[118] 张为平 . 参数化设计研究与实践 [J] . 城市建筑, 2009 (11): 112-117.

[119] 马志良 . 建筑参数化设计发展及应用的趋向性研究 [D] . 杭州: 浙江大学, 2014.

[120] 李飚, 韩冬青 . 建筑生成设计的技术理解及其前景 [J] . 建筑学报, 2011 (6): 96-100.

[121] 涂文铎 . 建筑智能化生成设计法演化历程 [D] . 长沙: 湖南大学, 2016.

[122] FRAZER, J. Parametric Computation: History and Future [J] . Architectural Design, 2016, 86 (2), 18-23.

[123] WASSIM J. Parametric Design for Architecture [M] . England: Laurence King, 2013.

[124] JANSSEN P, STOUFFS R. Types of parametric modelling [C] //20th International Conference of the Association for Computer-Aided Architectural Design Research in Asia (CAADRIA 2015). 2015.

[125] SCHUMACHER P S. The autopoiesis of architecture [M] . Wiley John + Sons, 2010.

[126] JAVIER M. Parametric design: a review and some experiences[J]. Automation in construction, 2000, 9 (4): 369-377.

[127] 何政, 宋潇 . 参数化结构设计基本原理、方法及应用 [M] . 北京: 中国建筑工业出版社 . 2019.

[128] 徐卫国 . 数字建筑设计理论与方法 [M] . 北京: 中国建筑工业出版社, 2019.

[129] 袁烽, 阿希姆·门格斯 . 建筑机器人: 技术、工艺与方法 [M] . 北京: 中国建筑工业出版社, 2019.

[130] 龚剑, 房霆宸 . 数字化施工 [M] . 北京: 中国建筑工业出版社, 2019.

[131] 张建, 吴刚 . 长大跨桥梁健康监测与大数据分析 [M] . 北京: 中国建筑工业出版社, 2019.

[132] 朱宏平, 罗辉, 翁顺, 等 . 结构 "健康体检" 技术 [M] . 北京: 中国建筑工业出版社, 2019.

[133] 郑鹏鹏, 窦强, 陈伟伟, 等 . 数字化运维 [M] . 北京: 中国建筑工业出版社, 2019.

[134] 王亦知, 门小牛, 田晶, 等 . 北京大兴国际机场数字设计 [M] . 北京: 中国建筑工业出版社, 2019.

[135] 龚剑,朱毅敏.上海中心大厦数字建造技术应用[M].北京:中国建筑工业出版社,2019.

[136] 邵韦平.凤凰中心数字建造技术应用[M].北京:中国建筑工业出版社,2019.

[137] 张铭,张云超.上海主题乐园数字建造技术应用[M].北京:中国建筑工业出版社,2019.

[138] 高广娣.典型机械结构ADAMS仿真应用[M].北京:电子工业出版社,2013.

[149] 熊光楞,郭斌,陈晓波,等.协同仿真与虚拟样机技术[M].北京:清华大学出版社,2004.

[140] 王芬娥,赵武云,刘艳研,等.ADAMS基础与应用实例教程[M].北京:清华大学出版社,2012.

[141] 王新亭,张峻霞,苏海龙,等.下肢外骨骼虚拟样机设计研究[J].机械设计与制造,2013(5):140-142.

[142] 李晓雪,刘怀兰,惠恩明,等.智能制造导论[J].北京:机械工业出版社,2019.